本書に掲載されている会社名・製品名は、一般に各社の登録商標または商標です。

本書を発行するにあたって、内容に誤りのないようできる限りの注意を払いましたが、本書の内容を適用した結果生じたこと、また、適用できなかった結果について、著者、出版社とも一切の責任を負いませんのでご了承ください。

　本書は、「著作権法」によって、著作権等の権利が保護されている著作物です。本書の複製権・翻訳権・上映権・譲渡権・公衆送信権（送信可能化権を含む）は著作権者が保有しています。本書の全部または一部につき、無断で転載、複写複製、電子的装置への入力等をされると、著作権等の権利侵害となる場合があります。また、代行業者等の第三者によるスキャンやデジタル化は、たとえ個人や家庭内での利用であっても著作権法上認められておりませんので、ご注意ください。

　本書の無断複写は、著作権法上の制限事項を除き、禁じられています。本書の複写複製を希望される場合は、そのつど事前に下記へ連絡して許諾を得てください。

出版者著作権管理機構
（電話 03-5244-5088, FAX 03-5244-5089, e-mail：info@jcopy.or.jp）

JCOPY ＜出版者著作権管理機構 委託出版物＞

はじめに

　ここ数年、人工知能関連の本がたくさん出版されています。売り上げも上々なようで、かなり世の中に普及しているようです。なので、いまさら人工知能の本を書いても遅いのではないかと思い、自分から積極的に人工知能についての一般書を書こうとは考えていませんでした。そんな折、別の企画で本を書かせていただいたオーム社さんから、「人工知能学会の学会誌の編集委員をしているなら、坂本先生ならではの人工知能の本を書いてみては？」というご提案をいただきました。頼まれると嫌と言えない性格で（もちろん物理的に不可能な時などはお断りしますが）、きっと神様がくださったチャンスなのだと思い込む癖もあり、有り難くお引き受けしました。

　「私ならではの人工知能の本」と言うことで、最初に思いついたのは 2014 年度人工知能学会論文賞をいただいた「オノマトペごとの微細な印象を推定するシステム」（人工知能学会論文誌 29 巻 1 号）や「ユーザの感性的印象に適合したオノマトペを生成するシステム」（人工知能学会論文誌 30 巻 1 号）を基にした本でしたが、マニアックすぎるということで、マニアック路線から入門書路線へ方向転換をしてみました。

　人工知能の専門書は読んでいたのですが、この機会に、世の中にどんな入門書が出ているのか調査し、入門書を勉強してみました。その結果、「わかりやすいはずの入門書は、一般の人が読むには結構難しいのではないか」という印象を持ちました。実際、一般の人は、人工知能について「難しい」という印象を持っているようで、わかろうとする気持ちにもならない、といった声を耳にしてきました。そこで、とにかく楽しくわかりやすい本を、という思いで、本書を書きました。

　本書は、人工知能を全く知らない方でも楽しく読めることを目指した内容です。高校生などこれから進路を考えている人、文系に進んだけど人工知能のことが気になる人、理工系の大学でこれから情報系の研究を始める人、人工知能の存在を無視できない企業の人、人工知能社会を生きていく子供の将来が気になる人、生涯現役でいたい高齢の人、老若男女のみなさんに読んでいただきたいです。

わかりやすく楽しい人工知能の本を目指して書き始めたのですが、やはりディープラーニングの話などの技術的な話を避けられず、3章がどうしても難しくなってしまいました。この部分は、どの入門書でも最も難しくなってしまう部分で、入門書の著者泣かせなところです。泣く泣くオーム社さんに原稿をお送りしたところ、わかりやすいイラストのおかげで、とても楽しい印象になって戻ってきました。とてもありがたかったです。

　校正の段階で、今年度、研究室でディープラーニングを使った卒業研究を担当した川嶋卓也君に読んでいただき、わかりにくいところや疑問点など、気づいたところについて意見をもらいました。卒業論文も終わり、卒業間際でどこかに飛んでいきたいような時期に、丁寧に読んでくれて本当に感謝しています。

　最後に、短時間で企画を推進してくださったオーム社書籍編集局の皆様、素敵なイラスト描いてくださったオフィス sawa の澤田様には大変お世話になり、ありがとうございました。

　本書を通して、人工知能に関心をもってくださる方が一人でも増えるよう祈りつつ。

　2017 年 3 月

坂 本　真 樹

目 次

Chapter 1　人工知能ってなに？

1.1　人工知能っていつ生まれたの？ ・・・・・・・・ 2

●人の知能？ 人工知能？　●どっちが人間？ チューリングテスト　●寂しそうな、人工知能！？　●人と人工知能の違い　●コンピュータの性能とともに　●AIの歴史＜ダートマス会議＞　●AIの歴史＜第1次AIブーム＞　●AIの歴史＜第2次AIブーム＞　●そして現在、第3次AIブーム！

1.2　これって人工知能？ ・・・・・・・・・・・・・・ 16

●人工知能とロボットの違い　●ロボット研究？ 人工知能研究？　●人工知能に身体は必要？ 不必要？　●レベル1の人工知能　●レベル2の人工知能　●レベル3の人工知能　●レベル4の人工知能、特化型人工知能　●レベル5の人工知能、汎用人工知能

1.3　人工知能は人を超えるの？ ・・・・・・・・・・ 30

●シンギュラリティとは？　●怖い？ 怖くない？ シンギュラリティ　●汎用人工知能を作るには？　●AIによる、人類滅亡の可能性は…？　●AIで私たちの未来はどう変わるのか？　●将来、なくなってしまう仕事！？　●将来、残っている仕事！？

vi

Chapter 2 人工知能に 入れやすいものと入れにくいもの

2.1 人工知能に入れやすいもの ・・・・・・・・・・・・・ 42

●Webにある情報は、何でも入れられる　●0と1のデジタルデータ　●色々なデータ（言語、動画像、音声）　●視覚情報をコンピュータに入れる　●デジタルカメラの進化　●画素数が上がって、人間を超える！？　●世界中で使われる同じデータ　●画像認識のコンペ、ILSVRC　●聴覚情報をコンピュータに入れる　●2つのマイクを使った音声認識　●複数のマイク「マルチマイク」　●音声を文字に変換するには？　●音響モデル、言語モデル

2.2 人工知能に入れにくいもの ・・・・・・・・・・・・・ 62

●意味を理解するのは難しい…　●意味ネットワークとは？　●意味を理解しなくても、答えられる！？　●潜在的意味解析とは？　●東ロボ君があきらめた理由　●賢くなるには、五感すべてが必要！？　●人工知能の味覚とは？　●人工知能の嗅覚とは？　●匂いはこれからどうなるのか？　●人工知能の触覚とは？　●触覚を実現するのは大変！

Chapter 3 人工知能は 情報からどのようにして学ぶの？

3.1 機械学習って何だろう？ ・・・・・・・・・・・・・・ 78

●機械（コンピュータ）に学習させたい！　●教師あり学習とは？　●分類問題＜スパムメールを判断する＞　●回帰問題＜数値を予測する＞　●ぴったりの線（関数）を見つけよう！　●過学習に注意しましょう！

●教師なし学習とは？　●グループ分けをしてみよう！　●k-means という分類方法　●強化学習は、アメとムチ

3.2 ニューラルネットワークってどんなもの？ ···· 97

●脳はニューロンでできている　●人工ニューロンのしくみ　●重みは、重要度や信頼度　●ヘップの学習則　●パーセプトロンとは？　●１本の線（線形）では、分けられない！　●バックプロパゲーション（誤差逆伝播法）●誤差が小さくなるように、重みで調整！　●層を増やすと…届かない！？●サポートベクターマシンの長所とは　●過学習と汎化は、トレードオフ

3.3 ディープラーニングは何がすごいの？ ········ 113

●ディープラーニングが有名になった日　●自分で特徴量を抽出するのがすごい！　●ディープラーニングは４層以上　●自己符号化器は、入力と出力が同じ！？　●入力と出力を同じものにする意味　●人間に近い、かもしれない…？　●ディープラーニングの手法

3.4 ＡＩ御三家「遺伝的アルゴリズム」って何？ ···124

●AI 御三家の面々　●ダーウィンの進化論をもとに　●遺伝的アルゴリズムの使い方

Chapter 4 人工知能の実用例

4.1 人工知能の進化がわかる「ゲーム」での実用例 ···130

●ゲーム AI の進化の歴史　●人間 vs AI ～チェス編～　●人間 vs AI ～将棋編～　●人間 vs AI ～囲碁編～

viii

4.2 第3次AIブームの火付け役「画像」での実用例···136

●Googleの猫　●画像認識の進化　●医療への応用（庄野研究室）　●医療への応用（メラノーマの判別）　●医療への応用（がんの検出）　●診断の精度向上のために

4.3 何かと話題の「自動運転AI」の実用·········143

●どこまで自動に？　●自動運転を実現するためには　●自動運転の訓練の手順　●位置や状況の把握のために　●事故の場合、原因究明は…？

4.4 「会話AI」の実用例·····················150

●コンピュータと対話するためには　●「知識がある」会話AI　●「知識がない」会話AI　●会話を作る、3種類の技術　●自然な会話をするためには

4.5 遺伝的アルゴリズムの「オノマトペ」への実用例··158

●人の心に寄り添うオノマトペ　●オノマトペを生むシステム　●オノマトペを生成する手順　●最適化の過程で行われること　●オノマトペ生成システムのしくみ　●できあがったオノマトペ

4.6 AIの「芸術」での実践例·················168

●AIの芸術への挑戦　〜小説編〜　●AI小説のプロジェクト　●AIの芸術への挑戦　〜絵画編〜　●AIの芸術への挑戦　〜作曲編〜

おわりに···175

参考文献···178

索　引···180

Chapter 1

人工知能ってなに？

1章では、人工知能（AI）に関するお話を、広くあれこれご紹介します。そもそも人工知能は何なのか？ 人工知能の歴史、ロボットと人工知能の関係、人工知能のレベルなど。そして人工知能によって、私たちの未来にどんな影響がありそうなのか、一緒に考えていきましょう〜！

1.1 人工知能っていつ生まれたの？

え〜！ えーっと、あなたは…、ひょっとしてロボットさん？

はじめまして、坂本真樹先生。老若男女、誰にでもやさしく『人工知能』を教えてくれるという噂を聞いて、生徒になりたくてやってきました。僕はひじょーに優秀な高性能ロボットではありますが、自分がどうやって生まれたかについては、残念ながら無知なのですよ。

あわわ…。言葉もすらすら喋れて、本当に優秀なロボットさんなのね。ちょっと、いや、かなり驚いたけど、学びたい人は誰でも大歓迎！ それではまずは、人工知能（AI）とは何か？ そして、人工知能の歴史についてお話していきますね。

人の知能？　人工知能？

「何を研究してるの？」という質問に、「人工知能」と答えると、「えー、すごいねー。ところで人工知能って何？」と聞かれたりします。

「**AI**」とか「**人工知能**」といった言葉をメディアなどで聞かない日はないほど広まっているにもかかわらず、人工知能って、難しい感じがするのはなぜでしょう。

「人工知能」は文字通りに言えば、**人工的に作られた知能**ということになるわけですが、そう言われても「人工的な知能って何？　そもそも知能って何？」ということになります。

しかし、そういう疑問がわくのは無理もありません。

人工知能の研究者の集まりである人工知能学の会員の間でも、自分たちが研究しているものが何なのか、何を目標にしているのか、人によってさまざまで、それほど明確ではないくらいなのです。

知能とは何か、それを人工的に実現するとはどういうことなのか、という問題は、**人と人工物の違いは何か、人の知能とは何か、**という哲学的な問いにまで及んでしまうからです。

私は、もともと人の知能の方に関心を持って研究をしてきたのですが、「人の知能を人工的に実現しようとしたら、人の知能や人のことがもっとわかるかもしれない」とか、「そもそも自分以外の人を人だとわかるのはなぜだろう」などと、思いめぐらせたりします。

ただし、人工知能を中心に研究している人の目標は、人が何をしているかを知ることではなく、**人のような知能を人工的（工学的）に実現すること**なのです。

どっちが人間？ チューリングテスト

自分が会話している相手は人なのか、それとも人工知能なのか。

イギリスの数学者の**アラン・チューリング**(Alan Turing;1912-1954) は、このような判断を人にさせることで、人工知能の出来栄えを判定する「**チューリングテスト**」を考案しました。

チューリングテストでは、審判員である人が、人工知能を搭載したコンピュータと5分間会話をして、相手が人間なのか、人工知能なのかを判定します。

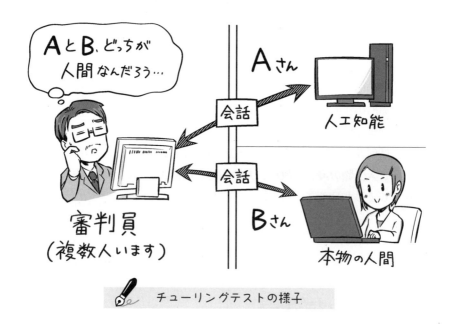

チューリングテストの様子

3割以上の審判員に人間だと思い込ませることができれば、チューリングテストに合格できるのですが、人間並みの会話は難しく、このテストに合格する人工知能は長い間実現しませんでした。

2014年6月、ロシアで開発された人工知能の「**ユージーン・グーツマン**」がチューリングテストに合格した、ということでメディアを騒がせました。

Chapter 1 人工知能ってなに？ 005

ただ、ユージーンがチューリングテストに合格できたのは、人と遜色ない表現豊かな会話ができたからというよりも、ユージーンを13歳の少年という設定でテストを行ったためであると言われています。

そもそも、人工知能の出来栄えを適切に審判できるような質問をする人の側にもテクニックが必要です。

チューリングテストは、別名「イミテーションゲーム」と言い、チューリングの生涯を描いた映画のタイトルにもなっています。イミテーションは、真似といった意味です。

2016年6月に日本でも公開された映画**「エクス・マキナ©」**は、インターネット検索エンジンのプログラマーが、CEOに招待されて訪れた別荘で人工知能の完成度を試すためのチューリングテストを行うように指示されることで繰り広げられる心理劇ですが、**人工知能は意識や感情を持ちうるのか、人工知能と身体性の問題**などを考えさせるものでした。

この映画以外にも、「ターミネーター©」「her©」「トランセンデンス©」など人工知能を扱う映画の多くは、人工知能に人が脅かされ、必ずしも人にとって幸せな世界を描いているわけではありません。そのせいか、**人工知能は怖くて恐ろしいもの**、と感じてしまうかもしれません。

しかし、本当の意味でチューリングテストに合格できる人工知能さえ、できていません。

寂しそうな、人工知能！？

　今の人工知能には、言語の意味理解、つまり、**相手が話した言葉の意味をきちんと理解することはできません**。東京大学の入学試験に合格できる人工知能「東ロボくん」の開発が行われていましたが、2016年に意味理解が必要な国語の問題で得点することは難しいといった理由で、東大合格をあきらめました。

　そのほかにも、**人のように感情をもったり、共感したりする「心」を持つことはなかなか難しい**とされています。また、意識を持たせることも難しいでしょう。人工知能は機械なので（ただしロボットとは違うことをP.17でお話しします）、どうありたいという願いや欲望も、判断のベースとなる価値観も、個々の違いを生むような性格もありません。目標を自ら設定することもできません。

　ただし、**これらを持っているように人に感じさせる人工知能**を作ることはできます。人は対象を認識するときに、機械として捉えるか、何らかの意識をもつ主体と捉えるか判断を行います。人は社会的な動物なので、他者と関わろうとする本能のようなものがあり、**何か自分と似通ったものを感じると、人と同じような感情、心、意識があるように勝手に読み込もうとする**ようです。

　アンドロイドの開発で有名な大阪大学の石黒浩先生の研究室では、ショウウインドウの中の無言の**アンドロイド★**に対し、人が手を振るといった働きかけをしてくると、そちらを注視するといった基本的な動作をさせるようにする実験を行いました。すると、人はアンドロイドに対し、**「寂しそう」**といった感情を読み込む傾向があるとしています。人工知能に感情があると感じさせることはできそうです。

アンドロイドは人間に似たロボットです。

映画「エクス・マキナ」でも、主人公は人工知能が自分に好意があると思いたくなる様子が描かれたりしています。

人と人工知能の違い

人と人工知能の大きな違いは、身体を持っているかどうか、ということにあります。

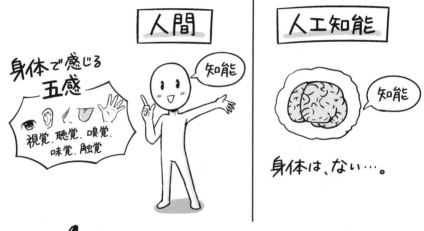

人工知能は、五感から情報を得ることができない

　人は身体を通して外の世界とつながっています。音、見た目、手触り、においや味を、五感を通して知覚し、心地よさを感じたり、嫌だな、といった感情を持つことができます。

　でも、人工知能にはこのような身体がないので、人が肉体を通して感じるような感覚を経験することもできませんし、知識を獲得することもできません。

　人工知能には、人が外界から身体を通して獲得する**情報を何らかの形で「入力」**してあげなければいけません。その方法については2章と3章でお話しします。

> 人間と人工知能の大きな違いは「身体があるのか、ないのか」でした。そして他にも、「思考」について違いがあるそうです。

　「思考」することは、計算することに似ているように思われるので、人工知能が得意なところに思われるかもしれませんが、**人のように思考することは結構大変**です。

　人工知能は、入力された類似した事例をもとに、状況を認識し、論理的に判断します。そのため、事例が少ないと対応できません。それに対し、人は前例がない状況でも、似たような事例から学んだことを応用して、柔軟に対応しようとすることができます。

　また、人は自ら課題意識をもって取り組んだりすることができますが、人工知能には課題を与えてあげなければいけません。でも、人工知能は人には解くことが難しいような課題を瞬時に解くことができたりもします。

　今の人工知能が、持っている知識を使って、どんなことをどのように達成しているのかは4章でお話ししますが、**人工知能の得意不得意を知ることは、これからの社会で幸せに生きていくうえで大切なのです。**

コンピュータの性能とともに

　P.4 にて、コンピュータの生みの親と言われるイギリスの数学者アラン・チューリングに言及しましたが、**人工知能の研究は、まさにコンピュータとともに始まり、コンピュータとともに発展してきました。**

　ここ数年で人工知能研究が加速したのは、コンピュータのハードウェアの高速化によるところが大きいです。

　ハードウェアは、2年で倍の速度になっていくという**「ムーアの法則」**というものがありますが、20年で千倍速くなると考えるとすごいことです。人は20年生きたからと言って千倍速く考えられるようにはならないのですから。

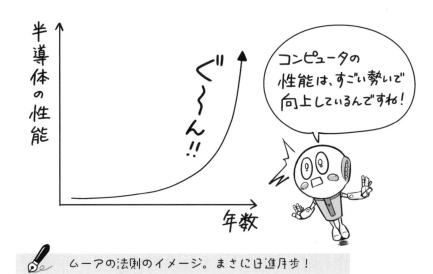

 ムーアの法則のイメージ。まさに日進月歩！

 コンピュータとともに発展してきた人工知能ですが、その道のりは平坦なものではありませんでした。ブームもあれば、冬の時代もあった、波乱万丈な人工知能の歴史について、これからお話していきますね〜。

AIの歴史＜ダートマス会議＞

コンピュータとともに人工知能が始まったと言いましたが、そもそも**「人工知能」という言葉が誕生したのはいつ**なのでしょうか。

人工知能（Artificial Intelligence）という言葉が初めて登場したのは、1956年の夏にアメリカ東部のダートマスで開催された、人工知能研究者にとっては伝説的なワークショップです。

この**ダートマス会議**で、人間のように考えるコンピュータを「人工知能」と呼ぶことにし、「人工知能」という言葉が初めて提案されました。

人工知能の研究と言えるものはその前からあって、1946年に世界初のコンピュータとして知られる17,000本ほどの真空管を使った巨大な計算機エニアック（ENIAC）が誕生し、**いつかコンピュータは人間を超えるのではないか**と考えられるようになっていました。そういった研究の流れが目指すところを一つにまとめたのがダートマス会議と言えます。

この会議には、ジョン・マッカーシー（John McCaryhy;1927-2011）、マービン・ミンスキー（Marvin Minsky;1927-2016）、アレン・ニューウェル（Allen Newelli;1927-1992）、ハーバート・サイモン（Herbert Simon;1916-2001）という著名な研究者が参加し、コンピュータについての当時の最新の研究成果が発表されました。2016年に亡くなった**ミンスキー**は、1951年にハードウェアによるニューラルネットワークを利用した機械学習デバイスを作ったという意味で、**世界初の自己学習する人工知能**を作ったと言えます。

 ダートマス会議は、7月から8月の1ヶ月以上にわたって開催されたそうです。著名な研究者たちが集まり、ひと夏をともにする…。きっと熱い議論が繰り広げられたのでしょうね。

AIの歴史＜第1次AIブーム＞

　ダートマス会議後の1950年代後半から1960年代は、**コンピュータで推論や探索**をすることで**特定の問題**を解く研究が進みました。

　たとえば迷路でゴールまで行きつこうとするとき、人は行き止まりになるとわかったら少し戻ってまた別の道をたどりながらゴールを目指します。

　それに対しコンピュータは、道をたどって行くのではなく、スタート地点から、Aという道に行った場合、Bという道に行った場合、と**場合分け**します。そして、Aという道に行った場合さらにどういう道があるか場合分けをします。Bの道に行った場合も同様です。

　このように**どんどん場合分けをしていくことでゴールを見つける**、という方法をとります。

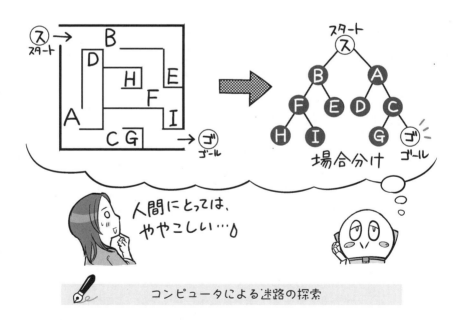

コンピュータによる迷路の探索

　近年コンピュータがよい成績を収めてメディアで注目されることの多い**チェスや将棋や囲碁といったゲームも**、**探索**が使われています。

チェスや将棋や囲碁といったゲームは、迷路と違って**相手がどういう手を返すか**という可能性も含めて探索していかなければならないため、組み合わせ数がすぐに膨大になってしまうという大変さがあります。たとえば将棋で 10 の 220 乗通り、囲碁で 10 の 360 乗通りという膨大な数になります。

こんな一見まどろっこしい処理方法をとっていても、コンピュータの処理能力の高速化で、これらのゲームでコンピュータがよい成績を収めるようになりました。さらに、本書の 3 章で解説する**機械学習**の進化によって、コンピュータは圧倒的な強さを発揮するようになりました。

このような**ゲームでの探索による課題解決**によって 1960 年代に盛り上がった**第 1 次 AI ブーム**でしたが、病気の治療方法など、本当に解決したい社会の現実問題は解けないということが露呈しました。加えて、産業界で期待された機械翻訳も、アメリカ政府が当分うまく行きそうにないとして研究支援を打ち切ったことなどがきっかけとなり、第 1 次 AI ブームは終わり、1970 年代に**冬の時代**を迎えることになりました。

ありゃ〜。ゲームで良い成績が得られても、現実的にはあまり役に立たなそうだと思われてしまったのですね。冬の時代は寂しいです。第 1 次 A I ブームが終わって、この後どうなってしまうのでしょう…。

ふふふ、心配しなくても大丈夫。この後にも再び、A I ブームがやってきます。第 2 次 A I ブームでは、現実的に役に立ちそうなシステムも考えられたのですよ。どんなことに役立つのか、気になりますよね〜。

AIの歴史＜第2次AIブーム＞

　第1次AIブームは、人工知能と言っても、計算機としてのコンピュータの能力に依存したものでした。しかし、コンピュータには人では不可能なほど膨大な知識を蓄えることができるという能力を活用することで、1980年代に入ると、**コンピュータに「知識」を入れて賢くしようとする第2次AIブーム**を迎えました。

　「**エキスパートシステム**」という、**特定分野の専門的な知識を取り込むことで、その分野のエキスパート（専門家）のように振る舞う人工知能**です。1970年代初めにスタンフォード大学で開発されたマイシン（MYCIN）が有名です。

　第1次AIブームは**病気の治療法の解明にも貢献できない**といったことで終わってしまいましたが、マイシンは、過去にある細菌による感染症だったと診断された人の症状やそのほかの状況（条件）を知識として入れておくことで、患者の症状や状況から「その原因となる細菌が△△である確率」を69％の確率で推定できたりするというものです。

　ただし、こういった知識をコンピュータに与えるためには、専門家からヒアリングして知識を調査しないといけないわけですが、そのためには時間も費用もかかってしまいます。

これをさまざまな分野について行わなければいけませんが、なかでも「胃がむかむかする」といった**曖昧な症状**をどのように記述したらよいかが難しかったとされています。

ちなみに、私は『むかむか』といった曖昧で直感的な表現を数量化するのが得意ですが、当時はまだ未熟で貢献できませんでした。

知識をどのように表現したらコンピュータが処理しやすい形にできるか、という知識表現の研究もこの頃盛んに行われました（本書の後半で人工知能における意味の扱いについて解説する時に触れます）。

この頃、**人の持つ全知識をコンピュータに入力してしまおう**というプロジェクトも行われていました。有名なものとしてサイク（CYC）プロジェクトと呼ばれる1984年にアメリカのベンチャーが始めたプロジェクトは、今も続いていますが、30年以上経った今でも、まだ書き終わりません。そのくらい世の中の知識は膨大なのです。

さらに意味をどう扱うかといった問題などさまざまな課題があり（3章と4章でお話ししますが）、知識をひたすら手作業のように入れ続けることに依存した第2次AIブームは終わり、1995年頃、また**冬の時代**になってしまいました。

ありゃ〜りゃ〜。膨大な知識を入れることが難しくて、第2次ＡＩブームは終わってしまったんですね。この後どうなってしまうのでしょう…。

ふふふ、安心してください。実は現在、時代は再びＡＩブームに突入しているんです。膨大な知識を入れることが簡単になり、コンピュータも自ら学習できるようになったからです。かつてないほど、コンピュータの可能性を感じる素敵な時代が、まさに今なんですよ！

そして現在、第3次AIブーム！

　第2次AIブームが終わり、再び訪れた冬の時代。しかし、1990年代半ばに検索エンジンが誕生し、インターネットが爆発的に普及しました。2000年代に入ると、ウェブの広がりとともに大量のデータの取得が可能になり、**知識をコンピュータに入れることが容易**になりました。

　そして、コンピュータが**自律的に学習できる**ようになったことにより、今の**第3次AIブーム**へと突入しました。これまでの人工知能誕生から現在に至るまでの歴史は、下図のようになります。

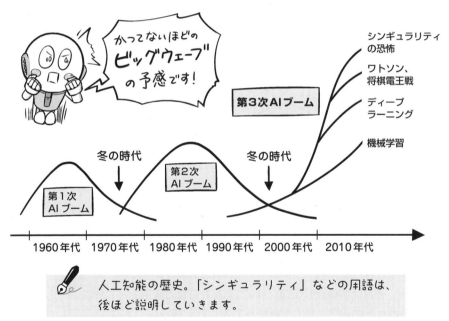

　人工知能の歴史。「シンギュラリティ」などの用語は、後ほど説明していきます。

出典：松尾豊、人工知能は人間を超えるか―ディープラーニングの先にあるもの、P.61、KADOKAWA/中経出版 (2015)

　上の図を情報番組で紹介したところ、**第3次AIブームもすぐに終わるのではないか**、と心配されてしまいましたが、人工知能が人類を滅ぼすようなSF世界になるかどうかはともかく、人工知能が不可欠な社会になっていくことは間違いないと思われます。

これって人工知能？

 ロボくんが寂しそうなので、ついエアコンを紹介してしまいました〜。でも、同じ「人工知能」でも、あなたとエアコンでは、できることがまったく違いますよね？ 実は人工知能は「何ができるのか？」によって、さまざまなレベルがあります。

ほほ〜、それは興味深いです。あと、「人工知能の研究」イコール「ロボットの研究」なのだと思ってました。違うんですねえ。どうりで他のロボットを見かけないわけです…。

 ロボットと聞くと、アニメに出てくるネコ型ロボットなどを思い浮かべる人も多いかもしれません。でも、産業用ロボットなど、色々な種類があるんですよ。「ロボット」という言葉の定義など、これから詳しくお話していきますね〜！

Chapter 1 人工知能ってなに? 017

人工知能とロボットの違い

　前節では、人工知能の歴史についてお話しましたね。
　こんなに昔からある人工知能ですが、人工知能が何なのかについては誤解されていることが多いです。メディア関係者を含め、これまでいろいろな方とお話ししてきましたが、**一番多い誤解は、人工知能の研究＝ロボットの研究**、というものです。

　人工知能の理想型のようなアニメは昔からありますが、完全に人と同じように対話し、思考し、行動できる知能を持っていると同時に、人のような身体を持っています。
　下図をご覧ください。人工知能学会で2017年1月号から学会誌の表紙担当でご一緒している三宅陽一郎さんが2010年に「アニメーションにおける人工知能の系譜」としてわかりやすくまとめてくださったものです。

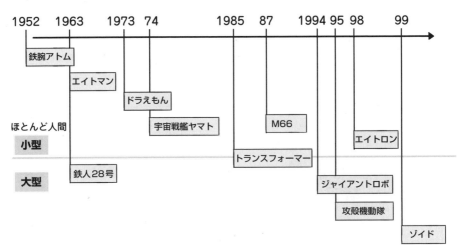

出典：日本のアニメーションにおける人工知能の描かれ方
「コンテンツ文化史学会　2011年大会予稿」P.26-38

ふむ。たとえば、ガンダムに出てくる「ハロ」も小型で球体の身体を持つ人工知能ですよね！　僕はアニメも好きなのです。

アトム（鉄腕アトム1952年〜）、鉄人２８号（鉄人２８号1963年〜）、ドラえもん（ドラえもん1973年〜）、アナライザー（宇宙戦艦ヤマト1974年〜）、ハロ（ガンダム1979年〜）、タチコマ（攻殻機動隊1995年〜）など、人型だったり、ネコ型だったり形はいろいろですが、みんな身体を持っています。

人ももちろん**知能と身体を切り離すことはできない**わけですから、多くの人が**知能と身体を切り離してイメージすることができない**のは当然でしょう。

しかし、**人工知能の研究＝ロボットの研究ではありません**。人工知能の研究とロボットの研究は次のような関係にあります。

「人工知能研究」と「ロボット研究」は、異なるもの。しかし、共通する部分もあるのです。

Chapter 1 人工知能ってなに？ 019

 ## ロボット研究？ 人工知能研究？

　経済産業省の定義を参考に、ロボット研究を一言で定義すると、「**センサー系と制御系と駆動系の３つの要素技術をもつ機械**」となります。

「センサー」とは、音や光や温度などの物理状態の変化を捉える感知器のこと。「制御」とは、機械や装置などを操作すること。そして「駆動」とは、動力を伝えて動かすことですね。

　社会で実用化されている例として、「**産業用ロボット**」があります。
　製造分野では溶接ロボットや組み立てロボット、医療分野では手術支援ロボットや病院内搬送ロボット、介護分野では移乗介助ロボットや移動支援ロボット、建設・インフラ・防災分野ではインフラ点検ロボットや 災害対応ロボット、農業分野では無人田植機や無人除草ロボット、食品分野では箱詰めロボットや鶏もも脱骨ロボットなどが活用されています。

　このようなロボットの研究では、センサー系や駆動系の研究がメインになりますが、制御する部分を研究している人は、人工知能の研究に近いことをする場合もあります。制御する部分をロボットの中に持たせる場合と外部から無線などで制御する場合がありますが、**制御する部分を内部に持たせる場合はロボットの知能部分**を研究していることになります。
　ロボットコンテストの多くは、人が無線でロボットを操作して、障害を乗り越えながら目的をいかに速く確実に達成するかを競うものなどですが、それらはロボットの知能を競うものではありません（ただし、ロボット知能コンテストもあります）。

ロボットのアーム（腕）が動くという動作でも、ロボット自身がアームを制御しているのか、人間が外部から制御しているのかで、全然知能が違うってことですね。僕はもちろん自分で動かしてます。外部から操作されていませんよ！

アンドロイドの研究も、身体そのものを人に近づけることに主眼があればロボットの研究であって、人工知能の研究ではありません。しかし、**対話する能力**を持たせたりと、身体の内部に知能を持たせれば人工知能の研究もしていることになるでしょう。

では、人工知能の研究対象は「ロボットの脳」なのかというと、そうではありません。

近年人よりも人工知能の方が強くなっているチェスや将棋や囲碁のように、抽象的なゲームの場合は**ロボットのような物理的な身体は必要なく、コンピュータプログラムだけあればよい**のです。医師の診断結果や専門家のような助言などをインターネットで検索した結果を返すように提示するタイプの人工知能もあります。

結局、**コンピュータのプログラムそのもので、人工の知能そのものには物理的な形はない**のです。ロボットに搭載することもできますが、ロボットのような身体は基本的には必要ではありません。

東大合格を目指す東ロボ君も、チェスや将棋や囲碁で活躍する色々な人工知能も、結局プログラムそのものというわけですね。知能のみで戦っているわけで、手などは必要としていない、と。

それなら**昔からあったコンピュータと何が違うの？** と思われるかもしれませんが、P.9で少しお話ししたように、人工知能の研究は、コンピュータとともに発展してきたのです。

人工知能に身体は必要？ 不必要？

人工知能には基本的には身体は必要ないとは言っても、**本当に人のような知能をもつ人工知能を実現するのに身体（身体性）が必要か**については、実は専門家の間でも意見が分かれています。

今現在のレベルの人工知能では身体は必要ないのですが、単なる計算する機械である人工知能の先を目指したい方は、ぜひ**知能と身体の関係**について考えてみてください。

　知能を持つロボットを開発しようとする研究者は、身体を前提として考えたり、「人か人工物か区別がつかない人工知能を作るなら身体は必要で、ロボットを作ってみた方が人工知能は実現しやすいのではないか」と語ります。
　また、人工生命の研究者は、「身体から生まれる情動から人の知性が生まれるとすると、人のような知能を実現しようとするなら身体は必要である」と考える人もいます。

　一方私は、「人工の知能」であるとすると、生物としての知能とは異なるものになるだろうが、単なるツールではなく、『**実社会で人とともに共存する人工知能を目指すなら、環境と相互作用できる何らかの身体は必要だろう**』と今は考えています。
　私は、五感や感性を時に科学的観点から、時に工学的観点から研究しています。そのため、**人が五感を通して知覚する情報を人工知能に取り込むにはどうしたらよいか**、がとても気になります。

また、将棋や囲碁のようなゲームのための人工知能だけを考えれば、ソフトウェアのみがあればよく、身体のようなものは必要ない、といったことを少し前に述べました。しかし、もし、人同士が対局する時に生まれる感覚の共有、碁石をパチッと碁盤に置く時の**音や指から伝わる感覚**も人工知能に取り込み、人と同じような感性を持ってゲームを実行させようとするなら、身体のようなものは必要かもしれません。

そのため、本書では、**情報をどのように人工知能に取り込むか**ということについて、次の2章でお話することにします。こういう人工知能の本は、まだ珍しいのではないでしょうか。

ここで少しだけ、2章の予習をしておきましょう。

五感の中でも、システムとしての人工知能と外界をつなぐチャンネルのうち、**視覚**は高精度なカメラや、リアルタイムに情報を取り込める**センシング★**技術が発達しています。ロボットのような身体にカメラを取り付ければよいでしょう。

聴覚も、音声認識技術が発達しているため、問題ありません。

嗅覚も、香りの好みなどを考慮しなければ、センサーが開発されているので取り込めるでしょう。

味覚は、味そのものはセンシングできるかもしれませんが、そもそも人工知能が何かを食べるということはないので、考える必要はないのかもしれません。

ただ、**触覚**は、外界とのインタラクションにおいて重要なインタフェースなので、何らかの形で実現する必要があると考えられます。

手触りは、論理というよりも、人の身体から生まれる生の感覚で、例えば指の変形から生じる肉体的な経験です。このような感覚は、身体を持たない人工知能に取り込むことは難しいので、アンドロイドなどロボット研究との連携が必要であると感じています。

 センシングは、センサーを用いてさまざまな情報を計測することです。

レベル1の人工知能

人工知能はコンピュータとともに発展してきたと、P.9 でお話しました。

でも人工知能と言っても、知能とは程遠そうに感じるものから、人の知能を超えてさえいるように思えるものまでさまざまなレベルがあります。

人工知能の「知能」の定義が難しいこともすでにお話ししましたが、ここでは**何ができれば人工知能なのか、段階に分けて考えてみましょう**。

 実は人工知能の段階には、レベル1からレベル5まであります。現在の最新の人工知能は、レベル4です。それぞれのレベルについて順番にお話ししていきますね〜。

前節でロボットと人工知能の違いについてお話ししましたが、人工知能はロボットで言えば、**制御系**にあたる部分です。

レベル1の人工知能は、入力と出力の関係を一義的に対応づけているだけのような単純な制御プログラムが入っている家電製品などを指す場合です。最近は家電売り場に行くと、「人工知能搭載」をうたった製品がたくさん並んでいます。

掃除機、エアコンや空気清浄機、洗濯機、冷蔵庫、電子レンジなど、戦後の生活を便利にしてきた家電製品が、さらに家事の代行を目指して進化しています。

こういった製品の中には非常に単純な制御プログラムが搭載されているだけのものから、次のレベルと区別できないほど**センシング（入力）と行動（出力）が多様**なものまであります。

少し前の**人工知能搭載エアコン**は温度を適切に保つだけでしたが、最近は部屋にいる人物を認識し、体感温度を予測して、気流をコントロールするようになっています。また、少し前の**人工知能搭載洗濯機**と言われたものは、洗濯物の量に応じて水量を調整するにとどまっていましたが、最近は対話機能を持たせて人間に何か提案までするようです。ただし、応答が単純な場合はレベル1を超えているとは言えないでしょう。

Microsoftがドイツの家電メーカーLiebherr（リープヘル）の家電部門と「中身を自動認識できる冷蔵庫」の共同開発をしたということが話題になりました。中身に応じてお薦めの料理まで提案するとなるとレベル1を超えてくると言えますが、人間が外出していてもカメラで中の様子がインターネットを通じて確認できて便利、という機能自体は人工知能とは言えないでしょう。

人工知能を実現するための要素技術だけが用いられているものも、人工知能とごちゃまぜに使われていることも、「**キャッチセールスとして使われている人工知能**」には多いようです。

レベル2の人工知能

家電製品の中でも、お掃除ロボットの**ルンバ**は、1990年にコリン・アングルが、同じMIT（マサチューセッツ工科大学）の人工知能研究室出身のロドニー・ブルックス、ヘレン・グレイナーと共に設立したアイロボット社による人工知能搭載家電としていち早く登場しました。

センシングして行動するゴキブリレベルの知能という研究者もいますが、最新の製品は、数十のセンサーで部屋の情報を詳しく収集、毎秒60回以上の**状況判断**をし、40以上の行動パターンから**最適な動作を選択・実行**する機能があります。

ということで、このような進化したお掃除ロボットを代表とする最新の家電製品は、すでに次の**レベル2**に達していると言えます。

1年ほど前（2016年）には、レベル1の人工知能搭載家電製品が多かったことを考えると、進化した人工知能技術が実用化されているスピードの速さを感じます。センシングと行動のパターンや、質問に対する応答のパターンが多彩、つまり**入力と出力を関係づける方法が洗練されている**人工知能は、**レベル2**の段階です。

一般的なアプリとして利用されている**将棋のプログラム**なども、この段階に該当します。入力に応じて推論や探索をする迷路やパズルを解くプログラムや、データベースのような知識ベースをあらかじめ入れておくことで結果を出力できる診断プログラムなどもこれにあたります。

昔から**コンピュータで行っていることの多く**はこのレベルになります。私の研究室でも、このレベルのソフトウェアはよく作ってきました。

レベル1とレベル2の説明はここまでです。次に説明するレベル3とレベル4には『機械学習』というものが取り入れられています。文字通り、『機械（コンピュータ）に、モノの特徴やルールを学んでもらう』のです。コンピュータが学習したら、さらに賢くなりそうですよね。

機械学習…！　なんだか重要なキーワードの匂いがしますぞ。

レベル3の人工知能

多くのプログラムは、学習を取り入れることで「賢く」なります。

3章で詳しく解説するのでここでは簡単に触れますが、いわゆる**「機械学習」**を取り入れた人工知能で、**レベル3**の段階になります。

検索エンジンに内蔵されていたり、Web上から取得したビッグデータをもとに**自動的に判断したりする人工知能**が該当します。

入力と出力を関係づける方法がデータをもとに学習されており、本書の3章で解説する機械学習のアルゴリズムが利用されています。インターネットが普及し始めた1990年代中ごろから2000年代に入り、研究開発分野で急速に普及しています。もともとレベル2だったプログラムに、学習を入れることでレベル3に進化し、良い成績を収めるようになってきています。

この機械学習の過程で、**コンピュータが自ら特徴量を抽出して学習を進めていくものがディープラーニング**（Deep Learning、深層学習）です。

これが現段階の学習する最新の人工知能で、**レベル4**の段階と言えます。

これについても3章で詳しく解説します。

う～ん、なにやら難しい用語が色々と…。特徴量を抽出…？ディープラーニング…？ はてさて…。

ディープラーニングは、機械学習の新しい方法のことです。今はまだわからなくても大丈夫。これらの新しく出てきた用語を整理して、P.29 にメモしました。後で確認してみてください。とりあえず、機械学習により、人工知能のレベルが上がったということだけは覚えておいてくださいね〜。

レベル4の人工知能、特化型人工知能

　レベル1から4と進化し、ゲーム分野では人をも超えているような人工知能ですが、これらは**特定の分野に限定した知能**によるもので、「**特化型人工知能**」に分類されます。

　私たちが普段耳にする人工知能は、チェスや将棋や囲碁をしたり、音声を認識して応答したり、クイズに答えたり、車を自動で運転してくれるプログラムです。情報の識別、予測、実行ができますが、すべて目的に特化した人工知能です。

　人は囲碁を通して学んだことを、経験として他の目的に活かすことができるかもしれませんが、囲碁 AI はいくら囲碁が強くなっても、**それ以外のことはできません**。

対話ロボットに言葉を教えると、反応は豊かになるかもしれませんが、教えていないことを新たに学ぶことはありません。人のプログラマーがロボットのプログラムを書き換える必要があるなど、結局は人に依存した存在です。

さまざまな質問応答パターンをエンジニアが作りこんでいるために、私たちはロボットと自然に対話できているように感じるのか、そもそも人同士の対話の本質もあいまいだからかもしれません。

何か特定のことしかできない「特化型人工知能」についてお話しました。では次に、何でも色々できてしまう「汎用人工知能」についてお話しましょう！ ちなみに汎用とは、1つのものを広く色々なものに使用できる、という意味です。

レベル5の人工知能、汎用人工知能

最後に、まだ実現されていませんが、人工知能の研究者にとって一種の夢のような人工知能、**「汎用人工知能」**(はんよう)についてお話ししたいと思います。

特化型人工知能は、何か特定の分野に限定した知能でした。

それに対し、汎用人工知能というのは、ドラえもんや鉄腕アトムのように人と同じように振る舞うことができ、時に人よりも優れた能力を発揮するものです。文脈を理解して空気を読み、意図を理解しジョークがわかり、想像することができます。さらに言えば、人の喜怒哀楽を理解し、願望や好き嫌いなどの感情を持ち、ものの質感がわかり、人と共感できるような人工知能です。

ここまで達すれば**レベル5**と言えますが、**レベル4までの進化と同方法では達することは難しい**とされています。

汎用人工知能を目指す研究も行われていますので今後に期待したいところですが、次の節でお話しするように、レベル5に達すると人類にとっては危険な事態になると予想されます。

Chapter 1 人工知能ってなに？ 029

　レベル4までは人にとって都合のよい人工知能ですが、レベル5の汎用人工知能は、人と同様の知能を持つだけでなく、レベル4の特化型人工知能がすでにその特定領域では人を超えてしまっている能力まで兼ね備えているため、人にとって必ずしも都合の良い存在であり続けないことが考えられます。

POINT

ここで少しだけ、3章の予習をしておきましょう。

★ **機械学習**…コンピュータに、モノの特徴やルールを学ばせること。
★ **ディープラーニング（深層学習）**…機械学習の新しい方法。
★ **特徴量**…モノ（学習データ）の特徴的な要素。

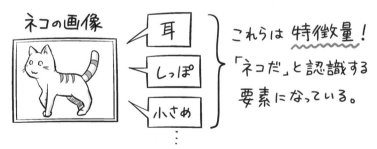

・レベル3のAIは、**機械学習**を行います。人間から特徴量を教えられて、学習します。
・レベル4のAIは、**ディープラーニング**を行います。人間から特徴量を教えられなくても、自分で特徴量を抽出して、学習します。

人工知能は人を超えるの？

あらららら～。コーヒーカップも割っちゃって！ ケガしてない？ 大丈夫？ 私もお掃除を手伝うわね。

優しい坂本先生、かたじけないであります。僕のコーヒーは完璧なハズなのですが、完成に至るまでが困難なのです。僕は少しドジっ子な設計でもされているのでしょうか。ううう…落ち込みます。

まあまあ、そんなに落ち込まないで。少しぐらいドジな方が、周りの人間もほっとできるわ。あまりに完璧で賢いロボットだと、シンギュラリティの恐怖に怯えてしまいそうだし…。あっ、シンギュラリティの意味については、説明がまだでしたね。私もちょっぴりドジかもしれないわ～。

シンギュラリティとは？

　2045年にはコンピュータの性能が人間の脳を超えるという予測があります。この予測は、コンピュータチップの性能が18ヶ月（1.5年）毎に2倍になると予測した「ムーアの法則」に基づいて作られています。
　この予測に基づけば、近い将来、人の賢明な努力によって**人間以上の知能をもつ人工知能**が実現します。一応、身体があった方がわかりやすいので、人より知能の高いロボットが実現するとしましょう。

　このようなロボットであれば、人より賢いわけですから、より賢いロボットを作ることができるでしょう。そしてその賢いロボットが、少しでもより賢いロボットを作っていくということが繰り返され、人は置いてきぼりになります。
　このように、**シンギュラリティ（技術的特異点）** とは、**人工知能が自分の能力を超える人工知能を自ら生み出せるようになる時点**を指しています。

　ほんのわずかでも自分より賢い人工知能を生み出すことができた瞬間から、これまでレベル1から4へと人の手を借りて発展してきた**人工知能が、まったく異なるステージに突入します。**
　数学的には、1未満、0.9を1000回かけてもほぼ0ですが、1をわずかに超えた1.1を1000回かけると、非常に大きな数（10の41乗）になります。
　つまり、掛け合わせる数が1.0をわずかでも超えると、いきなり**無限大**に発散することから「特異点」と呼ばれています。

怖い？ 怖くない？ シンギュラリティ

シンギュラリティは、チェスや将棋や囲碁のような**ゲーム**に関しては、すでに起きているとも言えます。

本書の3章で解説するディープラーニングによって、人には到底不可能なスピードで大量に自律的に学習し、人には考えつかなかったような方法で勝利する、ということがゲームの世界では起きています。つまり、この分野では**すでに人を超えている**わけです。

しかし、このようなゲーム分野でのシンギュラリティは怖くありません。

個人的には、シンギュラリティを迎えたゲームは人にとってどのような意味があるのかな？ とは思ってしまいます。人を超えた人工知能が、人がそれまで気づかなかったことを気づかせてくれて、人も強くなれるのならよいのですが、ディープラーニングでは、**コンピュータが何をしているのか、開発者でもよくわからないため難しそうです。**

このようなシンギュラリティが**自動運転**で起きた場合は怖そうです。

運転制御プログラムが下す判断を人が理解できないと困る事態が考えられます。これについては4章でまた考えてみましょう。

人類にとって脅威になりうる**本当の意味でのシンギュラリティ**は、このような個別分野でのシンギュラリティではなく、P.28で言及した**汎用人工知能が実現した場合**でしょう。

 人と同じように振る舞い、時として人よりも優れている存在…。そんな存在が本当に誕生してしまったら、やっぱりなんだか怖いですよね。ドラえもんや鉄腕アトムのように、人間に優しくしてくれるだけとは限りません。

汎用人工知能を作るには？

では、汎用人工知能はどのようにしたらできそうなのでしょうか。

学習ベースの特化型人工知能は、目的を達成すればよいため、人の脳と同じ処理過程を踏むようにする必要はありませんが、**汎用人工知能は、人のように振る舞う**ために、**人の脳を再現しようとする研究**になります。

大脳新皮質と大脳基底核と小脳をうまく組み合わせてコンピュータで実現すればよいのではないか、と考えられています。

大脳新皮質は、人では特に発達していて、見る、聞く、話す、計算する、計画を立てる、といった処理を担っています。

人の脳についても、この部分はわからないことが多く、コンピュータで実現するのが一番難しいとされていますが、本書の3章で解説する「**教師なし学習**」をしているのではないか、と考えられています。

大脳基底核もメカニズムはわからないことが多いのですが、大脳基底核は、自分にとって得することはもっとして、得しないことはなるべくしない、ということを学習しているとされます。そのため、本書の3章で解説する「**強化学習**」に近いことをしていると考えられています。

小脳は、脳の他の部位と比べると神経回路が単純で、研究が進んでいます。3章で解説する「**教師あり学習**」のようなことをしているのではないか、と言われています。

教師なし学習、強化学習、教師あり学習って、どんなものなんでしょう？ 3章を楽しみにしておきます。

AIによる、人類滅亡の可能性は…？

ところで、汎用人工知能を実現し、それがシンギュラリティに達すると**人類は滅亡する可能性**はあるのでしょうか？

著名な科学者で実業家のレイ・カーツワイルがこの概念を提唱し、シンギュラリティ大学という教育プログラムまで作っています。人工知能と遺伝子工学とナノテクノロジーの3つが組み合わさることで、「生命と融合した人工知能」が実現するということです。

カーツワイルは、**意識をコンピュータにアップロードすることで不老不死になる**とまで言っていますが、本当にそんなことができたら、美しいアンドロイドにアップロードされたいくらいです。

「人工知能は人間を超えるか」の著者の松尾豊先生は、人工知能が人工知能を生み出せたとして、**人類を征服するにはどういう方法がありうるか**、次のようなシナリオを提示したうえで、人工知能が人類を征服することは現段階で現実的ではないとしています。

まず、**ロボットが人工知能を生命化する方法**です。ロボットに、自分を残したい、増やしたい、という「欲望」を埋め込みます。

すると、ロボットは自分を再生産したいので、ロボット工場を持つ必要があります。しかし、工場でロボットを生産するにはロボットの材料を作るか、買ってこなければいけません。

そこで次に、物理的な存在のロボットではなく、コンピュータプログラムが、自分自身のプログラムを自らコピーして増殖できるようになるとうれしいと感じる「欲望」を埋め込んだ場合を、**ウイルス編**として考えてみています。

プログラムのコピーは簡単なので、ウイルスのように増殖します。ウイルスを改変し続けるようなプログラムにします。いろいろなデータベースにアクセスして、おかしな命令を試行錯誤で出し、人を混乱させ、思い通りに動かします。

このようなシナリオは、映画ではありそうですが、プログラムは少しでも間違えると動かないので、このような壮大なプログラムをどこまでもうまく機能するように書くことは不可能です。プログラムは例外や変化にも弱いということもあり、動きが読みにくい人を思うがままに操るのは不可能でしょう。

人工知能に生命を持たせるのは困難として、**先に生命を発生させ、そこに知能を埋め込む方法**はどうでしょう。

生命の作り方は、環境を仮定し、選択と淘汰によって、よいものを残すことで実現します。複数の人工知能が動く環境を用意してランダムな要素を組み込んでおき、さまざまな環境変化が起こっても生き残るものを増やしていくことができれば、いずれ知性が高い人工知能が人を支配し始めるのでしょうか。

しかし、こういった人工生命や進化計算の分野で研究が昔から行われていますが、コンピュータの外の実環境で、遺伝子工学と結び付けて人工知能を生命化することは不可能でしょう、という見通しがあります。

したがって、汎用人工知能が実現したとしても、人工知能自体が自己増殖して人類を滅ぼすことはなさそうです。

> おお、人類を滅ぼすことがなさそうという結論で良かったです。それにしても、不老不死とか人類滅亡とか、人工知能の話は本当に壮大で不思議ですねえ…。

AIで私たちの未来はどう変わるのか？

　イギリスの経済学者ジョン・メイナード・ケインズは、1930年に、「100年後には1日3時間労働になる」と予言しました。
　人工知能が仕事の多くを代替するようになると、人は労働から解放されるようになるかもしれません。
　人工知能が搭載された家電製品への需要は、家事から解放されたいと思っている人が多いことの現れでしょう。家事労働には明確な対価がないので、家事をしなくてよくなることで困る人はあまり考えられませんし、人工知能でもできるからといって、人が家事をしてはいけないということにはなりません。人工知能が作ったお弁当よりも、手作りのお弁当の方がよいと思う人はいるでしょう。
　問題は、対価が明確な労働がどうなるかです。もしも汎用人工知能ができたら、人がすることのほとんどは人工知能ができるようになるでしょう。人件費は最もコストのかかるところですし、働きすぎると人は心身が壊れたりしますが、人工知能は疲れを知りませんので、いくらでも働かせることができます。
　企業はコスト削減の名のもと、人工知能を積極的に導入するでしょう。そうなると、コスト削減で豊かになる企業経営者と失業者という二極化が著しく進むことになります。

「私の仕事は将来人工知能に取られてしまうのでしょうか？」
「子供にどんな能力を身に着けさせたらいいのでしょう？」
と心配している人の声を聞くこともあります。

将来、なくなってしまう仕事!?

2013年にオックスフォード大学で発表された論文に、**あと10〜20年で「なくなる仕事」**と**「残る仕事」**が掲載されています。
その論文から一部を引用してまとめたものが、下の表になります。

近い将来なくなりそうな仕事	当分残りそうな仕事
コールセンター・テレマーケター	外科医・歯科医師など歯科関係業務
窓口業務・受付	レクリエーションなど療法士
データ収集・解析	責任者・監督者
金融・証券・保険	心理療法士・カウンセラー
運輸・物流	小学校教師
審判	栄養士

 「なくなる仕事」と「残る仕事」の例

どうしてこのような仕事が例として挙げられているのか、その理由をこれからお話ししましょう。

人工知能は**音声や画像の識別能力が高い**ため、音声や画像情報の判別・仕訳・検索に関連する仕事が高い確率で代替されることが予想されています。データの収集・入力・加工・分析はもちろん、電話のオペレーター、商品の受注や発注などです。
また、人工知能は、**数値予測やニーズ予測など予測能力が高い**ため、銀行の窓口業務や融資、証券会社や保険代理店の業務の一部も代替されることが予想されます。

将来はこんな光景もありえる…かもしれません。

　売上・需要予測やユーザの関心の自動推定、個人レベルでの発注予測などはすでに実例があります。コンテンツマッチ広告や商品のレコメンデーション、検索連動広告でも実例がありますので、広告代理店の業務も人工知能が代替してゆくでしょう。

　さらに、人工知能は**実行能力も高く**、文書作成や作曲、デザインをできるようになっています。さらには、レシピを作ったり、ゲームをしたり、質問応答やキャップ締めなどの単純な作業から、自動運転まで行えるようになってきています。

　データの収集・入力・加工・分析などのコンピュータを使うような仕事だけがなくなる、と思っていた方は驚かれるかもしれませんが、すでに19世紀に機織りなどに産業機械が導入され、20世紀には空港のチェックインやコールセンターに自動音声ガイドが導入され、多くの手続き的な事務作業に機械が導入されていることを考えると、人工知能が進化とともに人の手作業を代行するようになっても不思議はないでしょう。

将来、残っている仕事!?

　手作業を代行すると言っても、P.7でお話ししたように、人工知能には、外界と直接インタラクションする身体も、情報を取り込む五感もありません。
　そのため、**身体を通しての生の感覚や微細な手作業、五感が重要な仕事**は10～20年後も残る確率が高いとされています。レクリエーション療法士、作業療法士、歯科矯正士・義歯技工士、振付師などです。

　そのほか、人工知能が苦手であるとされている**高度な能力**が必要で、いわゆる**「責任の重い仕事」**もなくならないでしょう。工事現場の監督者、危機管理責任者、消防・防災の監督者、警察・犯罪現場の責任者、宿泊施設の支配人、内科医・外科医・医師、小学校教師などです。

　人工知能は、たくさんの前例や類似事例をもとにそこから判断し、論理的に判断するので、インプットしている事例が少ないと対応できません。
　一方、人間は前例のない状況でもそれまでの経験から分野を超えて知識を拡張し、応用し、問題を解決しようと努力することができます。
　人工知能は課題の発見すらできませんが、人は多様な経験に基づき、目の前の出来ごとから問題に気づくことができます。

　また、AIに分野ごとの知識を教え込むことはできても、人が**身体や五感を駆使して積み重ねるような膨大な経験**を教えることは困難です。
　そのため、いわゆる**常識のようなもの、暗黙の理解**を人工知能に求めることはできません。

　また、人工知能は論理的でその問題に最適な提言はできますが、当事者ごとに適した微細なコミュニケーションによって**人を動かすリーダーシップ**を発揮することもできません。そのため、「責任の重い仕事」はできないのです。

さらに、人工知能には**本当の意味での「心」を持たせることはできません**ので、人に共感し、人の心に寄り添うことが必要な仕事も難しいと考えられます。

そのため、メンタルヘルスワーカー、聴覚訓練士、医療ソーシャルワーカー、栄養士、小学校教師、臨床心理士、スクールカウンセラーは人工知能に取って代わられず、残る確率の高い職業となります。

さて、人工知能研究者など工学者はというと、シンギュラリティを迎えたら、人工知能が人工知能の開発者になってしまうでしょう。もしかすると、自分より賢い人工知能を開発できる最初の人工知能を開発した人しか生き残れないかもしれません。

というわけで『将来、自分の仕事が人工知能に奪われてしまうのではないか』という不安は、多くの人にとって他人事ではなさそうです。

はて？ 仕事がなくなったのなら、何もせずのんびりしていてはいかがですか？ せっかく、労働から解放されたのですから。

そ、そういうわけにはいかないのが人間というものです。経済的不安はもちろん、社会からの疎外感というか…。

うーん、その悩みはいまいち理解不能です…。あっ、確かに僕には、カウンセラーは無理かもしれないです！ 人間の悩みを心から理解するのは、至難の技ですねえ…。

Chapter 2
人工知能に入れやすいものと入れにくいもの

2章では、人工知能に「入れやすいもの」と「入れにくいもの」についてお話します。コンピュータで「扱いやすい情報」、「扱いづらい情報」は何なのか、一緒に学んでいきましょう。人工知能の得意なことと、不得意なことが明らかになってきます。人間と人工知能の違いもよくわかりますよ〜！

2.1 人工知能に入れやすいもの

コ、コホン。肌荒れはさておき、今日最初にお話するテーマは、「人工知能に入れやすいもの」です。コンピュータで扱いやすい情報（データ）は何なのか、考えていきましょう〜！

うーん、なんだか難しそうです。入れやすいとか、扱いやすいって言われても、ピンとこないというか…。

ふふふ、ロボくんは自覚がないようですが、今こうして会話ができるのは、「聴覚情報（音声）」を扱っているからです。さっきのスズメが見えるのも「視覚情報（動画像）」なんですよ。

ほほお。僕は人間と同じように見たり聞いたりしていますが、それって実は、情報（データ）を扱っているんですねえ。

Chapter2 人工知能に入れやすいものと入れにくいもの 043

 Web にある情報は、何でも入れられる

　1章で、人工知能の歴史はコンピュータとともに始まり、コンピュータの発展とともに成長してきた、とお話ししました。

　人工知能が使われているもので、昔からあって一番身近（かどうかは個人差はあるかと思いますが）なものはコンピュータだと思いますので、**コンピュータに情報を入れる場合**をイメージしていただくのがよいかと思います。

　同じく1章で、人工知能に知識を入れるのが大変で第2次 AI ブームが終わったこと、その後 1990 年代半ばに検索エンジンが誕生し、インターネットが爆発的に普及し、2000 年代に入ると、ウェブの広がりとともに大量のデータの取得が可能になり、知識をコンピュータに入れることが容易になったことで、第3次 AI ブームへと突入していったことをお話ししました。

　今や、**人工知能には、Web 上にある情報なら何でも入れることができます。**

　ただし、Web 上にある情報それ自体は、何もしなければただぐちゃぐちゃに氾濫しているだけです。

　最初のブラウザ WorldWideWeb (WWW) は 1990 年に欧州原子核研究機構 (CERN) のティム・バーナーズ＝リーによって、NEXT コンピュータ社の OS である NeXTSTEP 上で開発されました。

　インターネット初期の Web における情報整理法は、**Yahoo! によるディレクトリ型検索エンジン**でした。Yahoo! は**人力で**インターネット上の情報すべてを整理しようとしました。1章で第2次 AI ブームの問題としてお話ししましたが、この方法では Web ページ数の爆発的な増大に追いつけませんでした。

　次に登場した **Google** は、PageRank という、他のページへのハイパーリンクをそのページへの投票とみなして、すべての Web サイトをその重要度順に整理することで成功しました。そして今や、ソーシャルブックマークや Wikipedia などのユーザ主導型での情報整理が進みました。

リンク集やディレクトリ型検索エンジンが主流だった頃は、ブラウザは人々にブックマーク機能を提供し、ユーザはWebサイトのリンクを自分自身で管理することで情報を整理していましたが、Google以後、私たちは自分で情報を整理せずに、精度の高い**ロボット型検索エンジンに頼って、Webを検索する**ようになりました。

実際に検索エンジンを利用されているみなさんはご存知かと思いますが、Web上の情報はどんどん多様になっています。テキスト情報だけでなく、**画像情報などマルチメディアコンテンツ**の検索も自由自在です。

このようなWeb上の膨大な情報を人工知能が利用できるようになり、第3次AIブームの土壌となりました。

0と1のデジタルデータ

人工知能に入れられる情報は、コンピュータが扱える情報です。

コンピュータでは、数値も文字も**「0」と「1」のデジタルデータ**に置き換えられて処理され、記憶されます。

この「0」か「1」かの1桁の単位を「**ビット**」(1bitまたは1b) といい、コンピュータで扱うデータの最少単位となります。また、8ビットが「**1バイト**」(1Byteまたは1B) です。

1ビットでどのように情報を表現するかというと、たとえば、アルファベットの「A」という文字を0、「B」を1とすると、1ビットでAとBの2種類の文字を表すことができます。

2ビットでは、「00＝A」「01＝B」「10＝C」「11＝D」というように4種類の文字を表せます。

1ビット	2ビット	3ビット
$2^1 = 2$ 種類	$2^2 = 4$ 種類	$2^3 = 8$ 種類

8ビット（1バイト）	16ビット（2バイト）	32ビット（4バイト）
$2^8 = 256$ 種類	$2^{16} = 65,535$ 種類	$2^{32} = 4,294,967,296$ 種類

このように、ビットが増えると情報の表現も増えていきます

このようなコンピュータで扱われる「0」と「1」の組み合わせを「**2進数**」といいます。人間が通常使っているものは0から9の10種類の数字を使った「**10進数**」です。他には、10種類の数字とAからFまでの6種類のアルファベットを使った「**16進数**」などがあります。文字コードやWebページを作成する際の色の指定などでは16進数が使われます。

たとえば、明るい青色（LightBlue）には、『#ADD8E6』という色コードが割り当てられています。そして、日本語のひらがなや漢字、一つ一つにも文字コードが割り当てられています。人間にとってはわかりづらいですが、コンピュータはこのように情報を扱っているのです。

Web上で使われるテキスト文書（htmlなど）で現在標準的に使われる文字コードでは、半角文字は1バイトで表し、全角文字は3バイトで表示します。

色々なデータ（言語、動画像、音声）

コンピュータの中には**ファイルという形でさまざまなデータが保存**されていますね。ファイルにはいろいろな種類がありますが、大きく分けるとOSやアプリケーションソフトなどの**プログラムファイル**と、アプリケーションソフトで作った**文書（データ）ファイル**があります。

それらはそれぞれに異なるファイル形式で保存されていますが、このファイル形式は、どのようなアプリケーションで作ったのかに依存する独自フォーマットの形式と、共通フォーマットで保存されるファイル形式があります。

アプリケーションソフトやOSに依存しない共通のファイル形式（共通フォーマット）を大きく分けると、**テキスト形式**と**マルチメディア系ファイル形式**があります。

これからデータの形式について説明していきます。PDFやJPEGなど、パソコンを使っている人なら、すでにお馴染みの言葉かもしれませんね。

テキスト形式ファイル（.txt）は、文字コードと改行コードのみで構成されるファイル形式で、文字を扱うほとんどのアプリケーションで読み書きできます。

CSV形式（.csv）も、基本的にはテキスト形式ですが、文字と数値データをカンマ（,）で区切り、レコード間は改行で区切り、表形式のデータを保存することに特化したファイル形式です。

そのほか、**PDF（.pdf）**は、Webや電子メールで閲覧や配布によく使用される電子文書の形式です。

マルチメディア系ファイル形式は、**画像や動画、音声などの情報**に使用されます。色々なファイル形式がありますが、ここでは一部だけを紹介します。

Chapter2 人工知能に入れやすいものと入れにくいもの 047

　静止画には、**BMP (.bmp)**（ビットマップ）という静止画像をドットの集まりとして保存するファイル形式、**GIF (.gif)**（ジフ）という8ビットカラー（256色）までしか扱えないが可逆圧縮方式なので画質は落ちないファイル形式、**JPEG (.jpg)**（ジェイペグ）という24ビットフルカラーを扱えるファイル形式、**PNG (.png)**（ピング）という48ビットフルカラーを扱える可逆圧縮形式で画質が落ちないファイル形式などがあります。

　動画にも、**MPEG (.mpg)**（エムペグ）という動画を圧縮して保存するファイル形式がありますが、MPEG-1というCD-ROMなどで利用され、画質はVHSビデオ並みのものや、MPEG-2というDVDやデジタル放送などに利用され、画質はハイビジョン並みのもの、MPEG-4という携帯電話やポッドキャストなどの動画配信に利用されているものなどがあります。

　音声は、**WAVE (.wav)**（ウェイブ）というWindows標準の音声ファイル形式で生の音をサンプリングしたデータを保存するものや、**MP3 (.mp3)**（エムピースリー）という動画像を圧縮するMPEG-1の音声部分を応用した音声圧縮形式などさまざまです。

　このように、**言語や動画像、音声といったコンピュータが扱いやすい情報が人工知能に入れやすいもの**となります。

視覚情報をコンピュータに入れる

　P.46 でみたように、人工知能に入れやすい情報として、**動画像**があります。
　動画像になるものは、人であれば**視覚を通して取得する情報**です。このような情報は、**カメラの進化**によって容易に取得してコンピュータに入れることが可能になりました。
　「キヤノンサイエンスラボ・キッズ」の Web サイト★によると、**ピンホール（針穴）カメラ**というものが、いわばカメラの原点だそうです。ピンホールカメラは、「小さな穴を通った光が、壁などに外の景色を映す」という紀元前から知られていたしくみを利用して作られています。

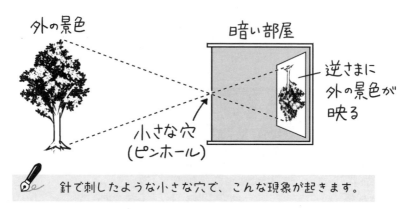

針で刺したような小さな穴で、こんな現象が起きます。

　ただし、もっとも初期のピンホールカメラは、カメラといっても撮影機能はなく、針穴の反対側にあるすりガラスのスクリーンに、景色などを映すだけの装置だったようです。それが、15 世紀頃さまざまに改良され、「カメラ・オブスキュラ（小さな暗い部屋という意味）」と呼ばれてヨーロッパの画家たちの間で流行したとのことです。さらに、16 世紀になると、ピンホールの代わりに、より明るい像が得られる凸レンズを使ったものが登場しました。
　このようにカメラの歴史は非常に古いのですが、人間が視覚から得る情報をコンピュータが取得できるようになったのは、**静止画をデジタルで記録できるデジタルカメラの登場**によります。

 http://web.canon.jp/technology/kids/ （2017 年 3 月現在）

デジタルカメラの進化

1975年、イーストマン・コダックの開発担当者が**世界初のデジタルカメラ**を発明したとされます。

その時の画像サイズは 100 × 100 の 10,000 ピクセルでした。

画像をデジタル方式で記録する初めての一般向けカメラは 1988 年に富士写真フイルムから発表され、当時のノートパソコンでも使われた SRAM-IC カードに画像を記録していました。

1993年には、電源がなくても記録保持ができるフラッシュメモリが初めて採用され、富士写真フイルムから発売された「FUJIX DS-200F」が発売されたとのことです。

1994年にカシオ計算機のデジタルカメラが発売されてからは、デジタルカメラは急速に普及しました。当時は Windows95 ブームで一般家庭にパソコンが普及し始めた時期だったため、パソコンに画像を取り込むことが広く認知されました。

その後は多くの企業が一般消費者向けデジタルカメラの開発・製造を始め、その同じ年にはカメラとしては初めての動画記録機能があり、記録方法として JPEG の連続画像を採用したカメラがリコーから発売されました。

1999年以降は、**高画素数化競争**や小型化競争などが熾烈になり、性能が急速に上昇したのはご存知の通りです。

わずか 40 万画素から始まったデジタルカメラは、5,000 万画素以上に到達し、**質感まで再現できると言われるような画質**になり、裸眼で 3D 立体写真を撮ることで、**人間の眼で取得する自然な立体映像を実現**しつつあります。

ちょっと駆け足で、一気にカメラの歴史をご紹介しました～。デジタルカメラは、「画素数」が高いほど高画質になります。この画素とは何なのか、次で説明しますね。

画素数が上がって、人間を超える!?

画素数とは、画素の最小単位である「ピクセル」が一定の範囲内にどれだけ存在するかを表します。

デジカメであれば、CCDとかCMOSセンサーといった画像素子です。ピクセルという単位自体には、明確な大きさが存在するわけでありません。200万画素で例えると、その画像素子の範囲内に1,600×1,200個のピクセルの点があることになり、400万画素では2,304×1,728個のピクセルの点があることになります。

つまり、**画素数が上がるとピクセルの点が小さくなり、細かい部分などがよりなめらかに表現できる**ようになります。

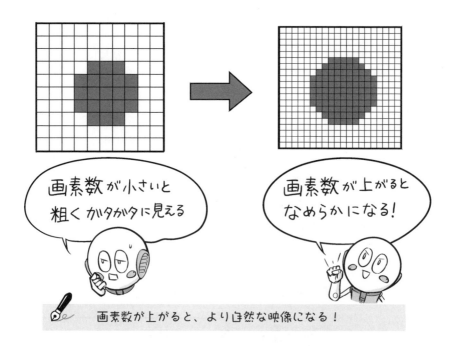

人間の眼をカメラが超えるということは、**視覚情報処理において、人工知能が人間を超える可能性が高い**とも言えるでしょう。

世界中で使われる同じデータ

　第3次AIブームのきっかけが画像認識分野で起きたのは、デジタルカメラで外界の視覚情報を取得し、画像の形式がコンピュータで扱いやすいものになり、Web上にたくさんのデータが氾濫するようになった、ということによるだけではありません。

　画像データセットがよく整備されていて、**世界中の研究者が同じデータセットで認識精度を競うことができた**ことが重要です。

　各研究者が随時、別々のデータセットを使って研究をしていると、画像認識精度が上がっても、たまたま都合のよいデータを使った、とか、たまたまデータが良かっただけなのではないか、ということになってしまい、比較が難しいからです。画像の場合は、Webを介して世界中の研究者がデータを共有しやすい、ということも強みです。

　たとえば、**手書き文字認識でのコンピュータの訓練用データ**として、**MNIST（エムニスト）**というデータセットがあります。0から9までの10個の数字をいろいろな手書き文字で表現したもので、画像認識の研究でよく使われるものです。

MNIST
（エムニスト）

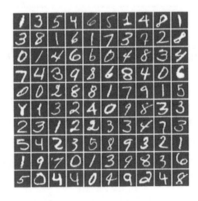

汚い…いや、個性的な字もありますね…。

読みにくい、認識しにくい文字だからこそ、訓練に最適です。これが読める人工知能は、より賢いということになります。

Webで検索すると、**MNISTのデータセット**にすぐにアクセスできます。

このデータセットでは、一つひとつの手書き数字は28ピクセル×28ピクセル＝784ピクセルの画像となっていて、画像のデータとしてはとても小さいものです。この画像が7万枚あって、それぞれどの数字に該当するかという**正解ラベル**がつけられています。

この画像をピクセル単位に分解してニューラルネットワーク（3章で説明します）に読み込ませれば、人工知能で処理ができることになります。

このような文字認識については、1980年代末には高い性能をあげていましたが、現在のAIブームを引き起こしたのは、**画像認識全般に適用**されるようになったことや、コンピュータが学習できる**サンプル数**が拡大し入手しやすくなったことなどによります。

人工知能は、MNISTの読みづらい数字を「これは3」「あれは6」と見分けて、判断していきます。でも、文字だけじゃなくて『画像全般』を認識できたら、もっとすごいですよね～。実はすでにAIは、世の中の色々な画像を見て「これは猫」「あれは犬」「それはチューリップ」と、高い精度で判断できるようになっているのです。

画像認識のコンペ、ILSVRC

第3次AIブームのきっかけを与えたのは、世界的な画像認識のコンペティション**ILSVRC**(Imagenet Large Sale Visual Recognition Challenge)です。

このコンペでは、1400万枚以上あるImageNetという画像データベースから1,000万枚の画像を機械学習で学習し、15万枚の画像を使ってテストし、その正解率を競います。

このコンペで2012年に、**ディープラーニングを用いた画像認識**の手法が発表されました（3章P.114でも、詳しく説明します）。

ImageNetは、WordNetというプリンストン大学教授のジョージ・ミラー氏により開発が進められてきた英語の概念辞書WordNet（ワードネット）の概念ごとに大量に画像を集めたものです。

網羅的に各概念のサンプル画像を収集したもので、元となる画像は既存のテキストベース画像検索エンジンを用いて収集し、クラウドソーシングによって人海戦術でアノテーション（データに注釈を入れること）を行うことにより、大規模でありながら質の高い教師付きデータセットの構築に成功しています。

〈画像の説明〉
・ネコ（三毛猫）が椅子に座っている

MNISTで正解ラベルがつけられているのと同じですね。色々なサンプル画像に『この画像は△△を表している』と正解の説明がつけられている、と。そんな画像が大量に用意されているわけですな。

2010年から、ImageNetのデータの一部（1,000クラス）を用いたコンペティションILSVRCが毎年開催され、2000年代の研究の**数百倍から数千倍もの規模のデータ**を自由に利用し、**共通の土俵で競い合う**ことが可能になったことは、この分野の進歩に大きく貢献しています。

また、同時期に、GPU技術の進歩により計算機能力が著しく発達したことも大きいでしょう。今は、単なる物体認識だけでなく、人ならではと言われてきた「**質感の認識**」さえも可能になりつつあります。

産業界でも、Googleなどが自らのサービスを通じて得られる大量のデータを利用し、顔画像認識などでも大きな性能の向上を果たし、まさに**人間の視覚と同等か、場合によってはそれを上回る**ようになっています。

聴覚情報をコンピュータに入れる

　視覚情報（動画像）の次は、**聴覚情報（音声）** についてお話しましょう。
　人工知能が人間と同様に**会話をする**には、はじめに**音声を取り込む**必要があります。音声がコンピュータに入力されて、それをコンピュータが適切に処理をして、返事を返すという流れで人間のように会話することが可能になります。

　返事を返すところでは、「音声合成」という技術が使われますが、ここでは、**コンピュータに音声を入力して、言語として認識する「音声認識」** の手順についてお話しします。

　人工知能が自然に会話をするには、非常に高度な音声認識技術が必要ですが、現在では音声認識技術が向上し、スマホやナビゲーションなど、さまざまな機械に音声認識機能が付いています。
　Googleが音声認識を始めたのは2009年頃のようですが、2014年頃までは、聞き取りやすいように大きな声でハキハキ話したり、聞き取ってくれないときは何度も繰り返したり、間違った返事が返ってきたら単語を区切って言い直したり、といったことが必要で、イライラしたことのある人は多いでしょう。

　ところが、2016年に入って、認識精度が格段に上昇し、**90%以上の精度** と言われています。このような音声認識精度の驚異的な向上は、3章で紹介するディープラーニングの導入によるものと言えます。
　今や音声は、人工知能が入れやすい情報です。

2つのマイクを使った音声認識

　人工知能による音声認識の流れは、**音声をコンピュータに取り込む**ことから始まります。音声をコンピュータに取り込むには、まず、**高い性能のマイク**が必要です。

　多くの音声認識システムは、接話マイク（口元からマイクまで数10センチメートル以内）での入力なら多少の雑音があっても問題ありません。しかし、家電機器やロボットのように、少し離れたところから発話された音声を取得する場合は、**周囲の雑音や残響も問題**になります。

　このような問題に対応できるマイクが開発されたことが、音声認識精度の向上に貢献しています。

ここで、音声認識のためのマイクのシステムを、2種類紹介します。どちらの方法でも、2つのマイクを上手く使用しているんですよ。音声は波形（はけい）データで表されますが、それぞれのマイクで捉えた波の形を比べることで、ユーザーの音声と雑音とを区別しているのです。

**方法①　波形のズレ（位相差）を利用して
　　　　　ユーザーの音声と雑音を区別する**

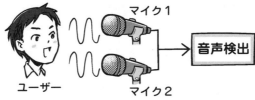

マイクの位置は同じにしてあるので…
○ ユーザーの声は、マイクに同時に入力される
○ 雑音は、マイクに同時に入力されない
　　これで、区別可能！

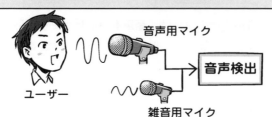

マイクの位置を変えているので…
○ ユーザーの声は、音声用マイクに大きく入力される
○ 雑音は、雑音用マイクに大きく、または
　音声マイクと同じ程度の大きさで入力される
これで、区別可能！

ほほう。どちらの方法でも、マイクが2つあってこそですね。何を隠そう、この僕も複数のマイクが備わっているようです。きっと他のロボットも、そうなのでしょう。

 複数のマイク「マルチマイク」

　複数のマイクを利用する「**マルチマイク**」が、広く活用されるようになりました。
　たとえば、ソフトバンクのロボット「**Pepper**」には4つのマイクが付いています。ソフトバンクのWebサイトでも、「人との対話や感情の理解は、Pepperの頭に備え付けられている**4つの指向性マイク**★がなければ不可能」としています。

 指向性マイクとは、ある特定の方向からの音声だけを拾うマイクです。

Pepperは、4つのマイクによって、音源や人の位置を知るだけでなく、声から感情を読み取って判断することができるとしていることからも、マルチマイクの重要性がわかります。

離れたところから話しかけたり、雑音が大きい場所の場合、人間の音声と一緒に、雑音をマイクで拾ってしまうというのが大きな課題でした。
　そこで雑音による音声認識システムの誤動作を防ぐために、**人間が発話している時間を検出する技術（音声検出）**や、**混入した雑音を除去する技術（雑音除去）**が用いられています。

下図のように、大事な音声を検出して、不要な雑音を除去します。これでクリアにわかりやすくなります！

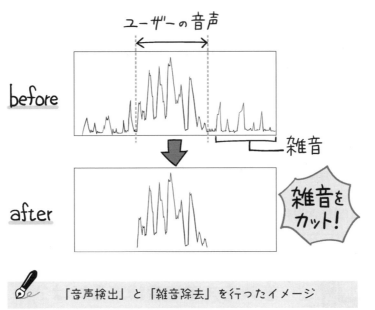

「音声検出」と「雑音除去」を行ったイメージ

P.55とP.56で図を用いて紹介したように、たとえば、2マイクでの音声検出では、2つのマイクを使ってユーザーの音声と雑音を空間的に区別して音声を検出します。

車のナビゲーションの場合は、2つのマイクを使って運転者（発話者）に対して指向性を持たせて選択的に声を集音し、集音した信号に特殊なフィルタによる雑音除去処理をしたりします。

　雑音発生源の場所に合わせて2つのマイクを最適配置して、2つのマイクに到来する音の振幅差を利用してユーザの音声と雑音を区別する、という振幅差を利用する音声検出する方式もあります。

　この技術を使えば、**雑音が大きい環境でも音声認識がしやすい**です。

　より精度を高めるためには、3つ以上のマイクを装備することになります。

　このようなマルチマイクは、自動車だけでなく、先ほどのPepperのようなロボットや、**iPhoneなどのスマートフォン**でも利用されています。

　たとえば、通話用に一つ、残りはノイズキャンセリング、つまり雑音除去用に配置されていたりします。このようなマイク技術の性能向上によって、機械の音声取得性能が向上したことが、人工知能による音声認識の実現を支えています。

　P.47でお話しした**画像（視覚）情報**と**音声（聴覚）情報**を併せて用いることで音声認識の頑健性を向上させる、**マルチモーダル**といった音声認識技術も近年進化しています（ちなみに頑健性とは、多少のノイズがあってもシステムが適切に機能し続けることです）。

話し相手の言葉を聞き取るためには、聴覚だけでなく視覚も使った方がいいということですね。視覚情報があれば、話し相手の体の向きや目線、唇の動きなどもわかりますから。

音声を文字に変換するには？

　少し難しい言い方をすると、音声認識は、入力信号を**音声特徴ベクトル**（音声の色々な特徴を、数値化してまとめたデータ）に変換し、その音声特徴ベクトルの系列から、**対応する単語列を推定する**ことで可能になります。

そこで、**クリアな音声、人の声をマイクで取得したら、次にするべきことは、それを「文字」に置き換える作業**です。

下の図をご覧ください。

音声を正しい文字に変換するプロセスは、従来、**「音響モデル」**と**「言語モデル」**という別々のモジュールで行われてきました。

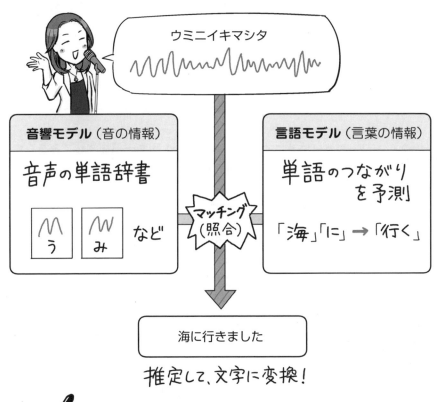

　「音声」を「文字」に変換するまでのイメージ

 図を見れば、別々のまとまりになっていることがわかりますね。「音響モデル」は、まるで音声の単語辞書。「言語モデル」は、単語のつながりを予測することができます。

音響モデル、言語モデル

わかりやすいように、前ページの図を一部抜粋してみました。これから「音響モデル」と「言語モデル」についてお話していきますね〜。

　「音響モデル」とは、音の波形（空気の振動を図示したもの）に対し、音素と呼ばれる声の最小単位への切り分けを行った上で、それぞれが「あ、い、う」等の母音や、「k、s、t」などの子音のうちどの特徴量を持つかを識別し、単語として出力してゆくモデルです。

　一般的な音響モデルは、数千人、数千時間の音声を統計的に処理したものを基礎として作ります。つまり、**平均的な発音データを基に作られた、音声の単語辞書**になります。**マッチング（照合）**には「隠れマルコフモデル」（Hidden Markov Model、HMM）と呼ばれる理論を用いる場合が多いです。

　マッチングは通常10〜20ミリ秒の単位で、単語の先頭から順次行われます。たとえば**「あさがお」**という単語を認識する場合、最初の「あ」という音を認識した時点でマッチングの候補は、単語辞書に載っている「あ」から始まる単語に絞られます。次に「あさ」を認識した時点で候補は、「あさがお」、「あさくさ」、「あさひ」、「あさり」…と候補が絞り込まれ、最終的にもっともマッチングする単語が結果として出力（認識）されます。

ただし、辞書にない単語は未知語として扱われて認識されません。

「言語モデル」は、**単語のつながりを確率的に表現したもの**になります。

一つの単語が認識されれば、次に来そうな単語の候補を確率として予測します。コンピュータやスマートフォンで日本語かな漢字変換を行う際の予測変換のようなものです。

たとえば「海に」の次の単語は「行く」以外にも、「入る」「浮かぶ」「生息する」「面した」など、色々予測できますよね。

このような、従来型の音声認識には課題がありました。
どの単語か正しく予測するためには、音響モデルと言語モデルで、ばらばらに処理していては限界がある、というということです。

2011年、それまでまだ30％程度のエラーが出てしまうような難しい課題だった電話会話音声の認識で、3章で紹介する**ディープラーニング**（Deep Learning、深層学習）を用いた音響モデルによって、20％以下のエラー率を達成し、**話し言葉の認識精度を大幅に向上させることができる**という発表が国際会議でありました。P.52でお話した、画像認識へのディープラーニングの発表時期とほぼ同じですね。

これにより、コンピュータやスマートフォンを開発する主要企業での競争が加速しています。当初は、このディープラーニングも音響的側面からしか対処していませんでしたが、今や**音声言語一体型技術**が開発され、機械と人との自然な対話が実現してきています。

1章P.29でメモした「ディープラーニング」という言葉、何度もよく出てきますねえ。画像認識でも、音声認識でも、このディープラーニングなるものによって革命的な進歩が起きた、というわけですか！　一体どういうものなのか、3章で勉強するのが楽しみです。

2.2 人工知能に入れにくいもの

…やらかしてしまいました、ごめんなさい…。僕は、食事ができないので、スイーツというものがあんなに脆く柔らかいものとは知りませんでした…。あんなに柔らかいものを味わっている人間は、指や舌も繊細なんでしょうねえ。

ん？ なんだかロボくん、独り言が多いわね。それはさておき、次のテーマは「人工知能に入れにくいもの」です。

あっ、それはつまり、僕が不得意とするものですね！ 触覚や味覚の情報とか…。あと時々、言葉の真意がわからなかったり、場の空気を読めてない気がします…。うーん、これって近い将来には改善されるのでしょうか。ひじょーに気になります…。

意味を理解するのは難しい…

　人間は、文字で視覚を通して得る言語や、音声として聴覚を通して得る言語から、ごく自然に「**意味**」を認識しています。

　実は人工知能には、このような人間がごく自然に行っていることが難しいのです。すでにお話したように、今や人工知能は、Web上にある膨大な言語情報や、音声認識で得られる言語情報を自由に取得できるようになりました。どんなにすごい速読法を体得している人でも到底不可能な速度で、膨大な量の言語を取得することができます。

　しかし、このような情報から「意味」を取得することは苦手、と言われています。意味は「文脈」に依存しているため、音声や文字自体を正しく認識できても、それを文脈の中で**正しい意味と結びつけることは難しい**ということがあります。

　たとえば、会話の中で、「この間言った、あれ、どうした？」というのはよくあることですが、「この間」というのは前回会ったのがいつかとか、「あれ」が何を指しているのかとか、人間なら文脈やその人との関係性からわかりますが、単純に言語の情報から判断するだけではわかりません。「オレオレ詐欺」は、「オレだよ、オレ」と言われて、きっと自分の息子だろう、と言語からは直接結びつかない文脈的意味を読み込んでしまう人間だからこそかかってしまう詐欺と言えるでしょう。

　さて、「**意味**」は**人工知能の長い歴史の中でどのように扱われてきたのか**から考えてみたいと思います。

意味ネットワークとは？

　人工知能の初期から有名な研究に、「**意味ネットワーク**（Semantic Network）」と呼ばれるものがあります。**人間が意味を記憶するときの構造**を表すためのモデルです。「概念」をノード（結節点）で表し、ノード同士をリンクで結び、ネットワーク化して表現します。

　このように意味を記述する方法の背景にあるのは、人間を対象にした実験で、たとえば、「**ウサギ**」と聞くと「**白い**」という単語は連想されやすいが、「かばん」は連想しにくいといった現象が報告されていることがありました。

　つまり、単語とその意味は、でたらめに記憶されているではなく、**単語の概念間の連想関係、意味の近さなどに基づいて記憶されている**ということです。人間が言葉を話したり理解したりする時、意味ネットワークの中のノードが活性化されます。

　たとえば「白いウサギ」と聞くと、「白い」というノードと「ウサギ」というノードが活性化されます。この時、「白い」という単語と結びつく「コットン」などフワフワしたものも少し活性化したりしているかもしれません。

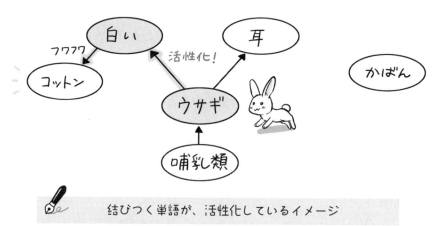

結びつく単語が、活性化しているイメージ

　このようなモデルは「**活性拡散モデル**」と呼ばれて、当時盛んに研究が行われました。このような考え方で、ひたすら言語の意味や概念として知識をひたすら記述しようとしたのが第2次AIブームだったと言えます。

意味を理解しなくても、答えられる!?

　第2次AIブームの時は人間側が知識を整理して記述する方法がとられていましたが、P.43でお話ししたように、1990年代半ばに検索エンジンが誕生し、インターネットが爆発的に普及し、2000年代にウェブの広がりとともに大量のデータの取得が可能になったことにより、コンピュータにとにかく言語データを読み込ませて、**自動で概念間の関係性を見つけさせよう**という方法が実績を上げられるようになりました。

　4章でも紹介しますが、「**オントロジー**」という**概念関係を知識として記述する研究分野**ができてしまったほど、概念としての「意味」をコンピュータに入れることは一大事業なのです。

人間は、1つの言葉を聞いたときに、その意味をちゃんと理解したり、関連する他の言葉を思い浮かべたりしますよね。当たり前のことに思えるかもしれませんが、同じことをコンピュータにさせるのは大変なのです…。でも、言葉の意味がわからなくても、クイズの質問に答えることはできたりします。一体どういうことなのか、今からお話していきますね〜。

　IBMのワトソンは、2011年にアメリカのクイズ番組「**ジョパディ！**」に出演し、歴代の人間のチャンピオンと対戦して勝利したことで有名になりました。

あまりにいろいろなことに答えられるので、一般によく勘違いされているようですが、ワトソン自体は、人間がするように**質問の「意味」を理解して答えているわけではありません**。質問に含まれるキーワードと関連しそうな答えを、**超高速に検索しているだけ**です。従来の質問応答技術と同じ方法に、機械学習を取り入れて、地道にたくさん学習させることで、精度を上げているのです。

そのせいか、IBMはワトソンを**人工知能とは呼ばず**、「**コグニティブ・システム** (Cognitive System)」あるいは「**コグニティブ・コンピュータ (Cognitive Computer)**」と呼んでいます。

「コグニティブ」とは、認知という意味です。「質問文の意味を理解しなくても、適切な答えが導き出せる」というのは、人間にとっては理解しづらい感覚かもしれません。でも、人工知能にとっては、文章の意味を理解することが一番難しいのです。

文脈の中での意味を読み取ることが難しいため、人間なら、この文脈ならこの意味だろう、と特定できるような多義語でも、人工知能はうまく処理することができなかったりします。

たとえば、「**お母さんがタコをあげていた**」と言ったら、「蛸を揚げていた」、「子供がタコをあげていた」といえば、「凧を上げていた」のだろうと人間なら推論しますが、コンピュータにはこのような判断が難しいのです。

さらに、この発話が公園でされたら、お母さんも「凧を上げていた」と人間は解釈しますが、これも、発話の場を別途情報として取得して考慮するとなるとさらに難しくなります。

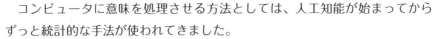
潜在的意味解析とは？

コンピュータに意味を処理させる方法としては、人工知能が始まってからずっと統計的な手法が使われてきました。

同じ単語がさまざまな意味を持ちうる言葉の多義性などに対処するために発展した統計的自然言語処理手法として、**「潜在的意味解析**（LSA；latent semantic analysis）」というものがあります。私も研究でしばしば使ってきました。

少し難しいですが、大規模な多次元空間上に単語を配置し、任意の単語間の**意味的距離**を意味空間上の距離を用いて表現する手法がベースになっています。

ある単語に**意味的に関連の強い単語**が、空間上でその単語の**近くに配置**されます。意味空間は大規模な文書中の単語の出現頻度や共起頻度などの分布統計情報を基に自動的に構築されます。

意味空間を作るときの文書の種類が、**新聞**なら「真面目な文書で作られる背景」の中での意味、**会話文**の集合で作られれば「会話的な背景」の中での意味、というように、言葉が使われる場面をある程度考慮できるようなものにはなりますが、「**一緒に現れることの多い単語は意味的にも近い**」という考え方を使っているだけなので、人のように各単語の背景にあるさまざまな知識まで深く考慮して意味を理解しているわけではありません。

東ロボ君があきらめた理由

1980年以降細分化された人工知能分野を再統合することで新たな地平を切り拓こうという試みの一環として、国立情報学研究所が中心となって2011年に発足した「ロボットは東大に入れるか」プロジェクトの「東ロボ君」が、2016年11月に東大合格をあきらめた、という報告がありました。

国公立23大学、私立512大学で合格可能性80％以上と判定され、東大の2次試験を想定した論述式の模試でも、理系数学の偏差値が76.2と好成績をあげましたが、東大の国語の問題のように文脈を読み解き、**「意味を深く理解」**しなければいけない問題は解くことができないということでした。

2016年大学入試センター試験の模試（マーク式）

科目	得点	全国平均	偏差値
英語（筆記）	95	92.9	50.5
英語（リスニング）	14	26.3	36.2
国語（現代文＋古文）	96	96.8	49.7
数学ⅠA	70	54.4	57.8
数学ⅡB	59	46.5	55.5
世界史B	77	44.8	66.3
日本史B	52	47.3	52.9
物理	62	45.8	59.0
合計＝950点満点	525	437.8	57.1

出典：ロボットは東大に入れるか。Todai Robot Project（http://21robot.org/）

 東ロボ君の成績。英語と国語が苦手なようです…。

　しかし、最近になってGoogleの機械翻訳の性能が格段に向上したという報告があり、**国際的に人工知能に意味を処理させる技術開発競争が進んでいるため、**今後に期待しましょう。

 人工知能に入れにくいものとして、文章の「意味」についてお話してきました。これから話題を変えて、五感の「味覚、嗅覚、触覚」についてお話していきます。これらの身体感覚も、人工知能に入れにくいものなんですよ〜。

賢くなるには、五感すべてが必要!?

　人間は、**すべての五感**を使って外界の情報を取得していますが、現在の人工知能は、人間が**視覚と聴覚**を通して取得している情報に依存しています。

　人工知能はコンピュータなのだから、**触覚や味覚や嗅覚**は必要ない、と考える人もいるかもしれませんが、これらの感覚を通して人が得ている情報というのは、人が賢く振る舞う上で重要です。

　P.63でお話しした、文脈を読めないことは、会話だったらいわゆる「空気が読めない」ということにつながります。

　活気のある議論が行われている部屋や楽しくワイワイガヤガヤ盛り上がっている部屋は、「暑い」感じがしたり、優しい家族や友人が迎えてくれる家に入った瞬間に「あたたかい」と感じたりするでしょう。話しているうちに、「冷たい」空気が流れたら、話し方を慎重にしたり、人間は場の空気に合わせた話し方をすることができます。

　説得したい相手においしいものを食べさせて、自分の話を受け入れてもらいやすいようにしたり、デートの時につける香水が相手に与える効果は言葉以上かもしれません。

人工知能の味覚とは？

とはいえ、人工知能を搭載できるのは機械なので、人工知能自体が「**味覚**」を通して情報を取りこむ、ということは考えなくてもよいかもしれません。

人工知能が味覚について役立つのは、**人間がおいしいと思う味付けにするにはどのような材料をどのように調合したらよいかを計算する**、といったところになるでしょう。

これについては、IBM のシェフ・ワトソンによる取り組みが有名です。プロが作った 9,000 以上のレシピとその評価や成分情報などを蓄積して、組み合わせて推論し、人間がおいしいと感じるであろう**レシピを提案**する、というものですので、**言語の情報を取り込んで利用しているだけ**です。

人間のような視覚をカメラで実現して情報を入力したり、人間のような聴覚をマイクで実現して情報を入力しているのとは異なります。

人工知能の嗅覚とは？

生理的な感覚である「**嗅覚**」についてはどうでしょうか。

先ほど香水の例を挙げましたが、ある香りをかいだ時に、昔の恋人を思い出したり、赤ちゃんを抱いた瞬間の匂いで我が子が小さかった時のことを思い出したり、畳の匂いで旅行先の出来事が思い出されたりすることがあるでしょう。

匂いには、それに関連した過去の出来事の記憶を引き出す力があります。

このような現象は、作家マルセル・プルーストがとても印象的に記述したことから、**プルースト現象**と呼ばれています。匂いと記憶との密接な関係は、「文脈依存記憶」に関する実験として 1970 年代から行われてきました。

Chapter 2 人工知能に入れやすいものと入れにくいもの 071

　人工知能が人と共生し、場を共有しながらコミュニケーションするようになったら、匂いの情報も共有できるようになることが必要になるかもしれませんが、当面人工知能が匂いについて活用されているのは、**センシングシステムで大気中にあるさまざまな匂いを認識して識別する**、というところでしょう。

　さらに、識別した匂いを**インターネットで遠隔地へ送り、再現する**ところまで研究が進んでいます。**嗅覚ディスプレイ**と呼ばれるもので、実物がなくても匂いを再現することができます。

嗅覚ディスプレイの例。より臨場感が増します。

こうして匂いを体験できるのは、面白そうです。きっと人間は美味しそうな匂いで、お腹を空かせたりするんでしょうねえ。

そうですね〜。エンターテイメントはもちろん、医療への応用も考えられているようです。嗅覚能力の測定などにも使えそうですよね。

匂いはこれからどうなるのか？

　1980年代の後半に「**インテリジェントセンサー**」というものが出始めて、ガス漏れなどを感知するだけでなく、匂いを認識して識別する一種の人工知能を持ったセンサーの開発も始まりました。

　視覚や聴覚に関連する情報と比べて、嗅覚に関連する情報における人工知能研究は遅れていましたが、**匂いに関係する産業は多い**ため、開発が加速すると思われます。

　官能検査とよばれる、人間が五感を使って行っている品質チェックは、判定者の体調に左右されたり、主観的で時間がかかるため疲れる、という問題がありますが、機械は疲れませんので、この分野への導入は進むと思われます。

　匂いはいくつもの化学成分からなる混合物で、匂い物質が一定の割合で混ざり合い、受容され、脳で処理された結果、「〇〇の香りだ」と認識します。

　色はRGB（レッド、グリーン、ブルー）など三原色が受容体となり、さまざまな色が作られますが、匂いには**400弱の受容体**があるため、組み合わせが多く、目標とする匂いを作る作業は困難とされています。

　現在のマルチメディアは**視覚や聴覚に訴える技術**が高度に進化していますが、嗅覚は遅れています。音はマイクで取得してスピーカーで音を出し、映像はカメラで撮ってディスプレイで映し出しますが、匂いの再現装置というのはまだ日常的にはありませんよね。

　しかし、人工知能で匂い成分の組み合わせの計算と高速な再現ができるようになり、それを**バーチャルリアリティ（人工現実感）**で作り出すことにより、近い将来より身近になるでしょう。

最近では、「匂い」が体感できる映画館もあるようですね。将来は、家庭のパソコン、ゲーム機などからも匂いが体験できるかもしれません…！？

人工知能の触覚とは？

　味覚や嗅覚以上に、「知能」に結びつき、人工知能を実装する機械自体に持たせるとよいと思われるのは、「**触覚**」です。
　実際、人工知能研究とロボット研究が交差する分野である人型ロボットである**アンドロイド研究では、触覚が重視**されています。1章で紹介した映画「エクス・マキナ」に登場するアンドロイドも、味覚や嗅覚はともかく、皮膚のようなものが実装されています。

　渡邊淳司氏は、2014年に出版された著書で、「触知性」という言葉を使って、「**触覚は情報を生み出す知性である**」としています。
　触覚は、環境にある**物体の性質を把握**するだけでなく、感情をつかさどる脳部位へつながる神経線維に物理的に作用し、**快・不快といった感情に直接的に影響を及ぼしています**。誰かに触られたり、触れることで、対象の性質を「知る」ことができますし、**触れられた側と触れた側の両方に、強い感情を生み出す**とされます。
　「すべすべして気持ちいい」とか「べたべたして気持ち悪い」というように、好き嫌いを左右するため、人が触れる製品の開発や、人との触れ合いを想定するロボットでも触覚が重視されています。
　人工知能に難しいとした**意味理解の問題**と、**人工知能が触覚を持っていない**ということは結びついている可能性があります。

そこで人間のような触覚を通して取得する情報を取得できるようにしたいわけですが、触覚センサは、視覚や聴覚と比べて研究が遅れています。視覚はカメラが、聴覚はマイクが高度に発達しているため、人工知能による情報処理レベルの研究に進んでいますが、触覚は、いまだ検出方法レベルでの研究が行われている段階なのです。**触覚を工学的に実現することの難しさ**を少しお話ししましょう。

触覚を実現するのは大変！

　視覚は目、聴覚は耳、味覚は口、嗅覚は鼻に集中した感覚器官ですが、**触覚は全身に分布しています。**
　もし、会議室の熱気や、外気に触れて全身で感じるひんやり感、「空気を読めるような」感覚を実現しようとすると、**柔軟で薄く、広範囲でさまざまな形状を覆える**ことや、多数分布する検出素子への配線処理が必要になります。
　視覚や聴覚の情報は、非接触で取得できますが、触覚は接触が不可欠なため、伸び縮みや摩擦に対する**耐久性**も必要になります。

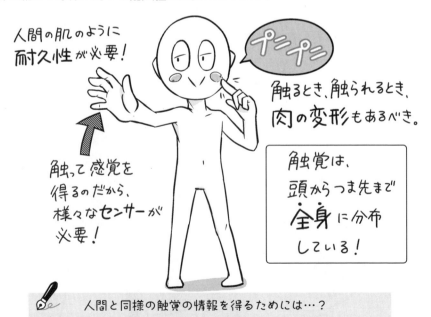

人間と同様の触覚の情報を得るためには…？

視覚や聴覚は受動的に与えることができますが、触覚は手や指でなぞるといった探索的な動作が必要です。振動、熱、接触面積などなどを把握するための**多角的なセンサー**が必要になります。そもそも人間は接触面での**肉の変形によってセンシング**しているとされ、視覚や聴覚と比べ、人間でも皮膚の状態によって個人差が生じやすい感覚なので本当に大変です。

私は、このような**触覚研究の難しさ**に対して、**人間が何かに触れた時に「さらさら」「ざらざら」といったオノマトペで表現するという性質を利用して、物理的世界と知覚と感性を結びつける研究**をしています。

言語化すれば、人工知能で扱うことも可能になるため、これらを結びつけて、人工知能による情報処理研究に発展させることも可能かもしれません。

そして、人間が触覚を通して取得するのと同様の情報を取得することができるようになれば、人工知能がスーパーコンピュータに搭載され、アンドロイドを通して外界とインタラクションすることが実現するかもしれません。

ほほ〜。確かに僕も、触覚にはあまり自信がありません。でも、そんな僕でもいつか、ほっぺたの「プニプニ」などがわかるようになったら面白いですね。体験できなくても、同様の情報を得て理解してみたいです。

うんうん。そんな日が来たら、ますます人工知能は賢くなりそうです。もしも触覚などの情報が得られるようになったら、どんなことをしてみたいですか？

えーと、まずはお花の匂いを嗅いで、それから猫を触ってモフモフしてみたいです。なんだか幸せな気持ちになって、今までわからなかった人間の気持ちや言葉の意味も、理解できるようになっちゃうかもしれませんねえ…。

Chapter 3
人工知能は情報から どのようにして学ぶの？

3章では、いよいよ「機械学習」や「ディープラーニング」についてお話します。人工知能がどのように学習して賢くなるのか、その「しくみ」がわかりますよ〜。この章は難易度が高めですが、人工知能を知るうえで最も大事な内容でもあります。ゆっくりしっかり学んでいきましょう〜！

3.1 機械学習って何だろう？

あら～！ こんなことをしていたのね。ちなみにロボくんは、どうやってメニューを的中させているの？

えーと、最初は毎日、学生さんたちを眺めているだけでした。でも、ふと気付いたのです。細身の女子学生はサラダが好きとか、男子学生は肉が好きとか。それから熱心に観察を行いました。そうして今や、かなりの的中率！ 超能力的予知能力を備えた、エスパーなロボになったというわけです。

ふむふむ、確かにすごいわ。ロボくんは、過去のデータから注文の傾向を「学習」して、未来を予測しているということね。機械（コンピュータ）が学習することによって、新しいことに対処したり、未来を予測することもできちゃうのよ。

機械（コンピュータ）に学習させたい！

　人が賢くなるためには、いろいろなことを学習することが必要ですよね。学校に行く前から学習は始まっています。

　ある日お散歩のときに出会った猫を指して、お母さんが、「ネコちゃんがいるわね」と子供に言います。子供はその生き物を猫だと知ります。また次に違う猫に出会った時も猫だと教えられます。

　そのうちに、子供は、まだ教えられたことのない新しい猫に出会っても、「あ、ネコちゃん！」とわかるようになります。子供は**猫の特徴を学習した**、ということになります。学校に入って、いろいろな知識を教えられても、そこから自分で、「**こういう問題はこういう手順で解くのね**」というように**ルール**を学び、**新しい問題**が解けるようにならなければいけませんよね。

　コンピュータが賢くなるためにも、学習が必要です。
「猫とはどういうものか」という特徴や、**「問題を解く時のルール」を、自動的に見つけられるようになって、新しい問題も解けるようになってほしい**わけです。

この世のあらゆる猫を毎回猫だと教えたり、あらゆる場合を想定して、こういう時はこうする、こういう時はこうする…と人がプログラミングしなくても、コンピュータが自動的にたくさんの作業をできるようにするために、**コンピュータにモノの特徴やルールを学んでもらおう**というのが「**機械学習**」です。

機械（コンピュータ）に学習させる。だから「機械学習」なんですね。先ほどの子供が猫のことを学んだように、コンピュータだって色々なことを学び、どんどん賢くなれます。ぜひ色々学習させてください。

　機械学習には、大きく分けると「**教師あり学習**」、「**教師なし学習**」、「**強化学習**」があります。これらについて順番にお話ししていきます。

教師あり学習とは？

　教師あり学習は、**データと正解のペア**をコンピュータに与え、特徴やルールを学習させる方法です。

教師あり学習には、データと正解のペアが必要！

まず、データが必要です。いろいろな画像データをたくさん用意します。
たとえば文字認識をさせる場合、数千〜数十万ほど集めなければいけません。
そして、それぞれの画像データに対して、**その画像は何に対応するのかという正解**も用意します。**「これは○○」という正解ラベル**をつけるのです。

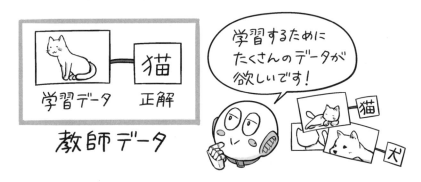

このような「学習データと正解のペア」を、**教師データ**、**教師あり学習プログラム**、**教師あり学習器**などと言います。

教師あり学習は、このようなたくさんのペアから、共通する**特徴**を見つける、「こういう特徴のある画像は、○○だ」という**ルール**を見つけることです。

文字や画像の認識なら画像を与え、音声認識なら音声を与えることで、**コンピュータに入力できる形になっているものなら、どんなものでも学習できます**。2章でお話ししたように、コンピュータに与えやすいデータと、与えにくいデータはありますが、何とかして入れれば学習できます。

どんなものでも学習できるって、とてもワクワクします。猫の画像の学習データをたくさん与えてもらえば「これは猫だ！」と学習できますよね。でももっと複雑なこともできそうです。「これはシャム猫」「これはペルシャ猫」なんて具合に、猫の種類だって学習できそうですよ。

 そうなんです！「コンピュータに何を学習させたいのか？」を考えると夢が広がりますよね。色々なことに役立ちそうです。

分類問題＜スパムメールを判断する＞

教師あり学習は、だいたい**分類問題**と**回帰問題**に分けられます。

分類問題の例としてよくあるのが、**スパムメール（迷惑メール）の検出**です。「**この単語が使われていたら、−0.25 点。この単語が入っていたら、＋0.53 点…**」というルールに従ってメールに点数をつけられるようにして、**合計点数が 0 点以上だったらスパムメールと判断する**、ということをできるようにします。

私たち人間はメールを見て、「怪しいか、怪しくないか」を心の中で判断していますよね。怪しい…と感じるときは、妙な単語がメール内で使用されているときです。急な儲け話や、知らない異性からの誘惑など、特徴のある単語には「怪しい…」と、心の中でマイナス評価をしています。そして、仕事や友達からの普通の単語が並ぶメールには「安全」とプラス評価をしています。こういう私たち人間の判断を、コンピュータにしてもらうために、点数による数値化が必要なのです。

ちなみに、この点数のことを、機械学習では「**重み**」と呼びます。**入力に対して重みを掛け算**していきます。

各単語に点数をつけられるようにするにはどうしたらよいか。まずは、普通のメールとスパムメールをあらかじめたくさん集めておきます。そして、それぞれのメールに**どんな単語が入っているか**を解析して、点数（重み）をつけます。うまく普通のメールとスパムメールを分類できるような**点数（重み）を見つける**ことが、教師あり学習の目的になります。

コンピュータに「これは普通のメール、これはスパムメール…」というように、**正解データをひたすら人間が教えて（入力して）、うまく分類できる点数（重み）を**なんとかして求めます。

点数さえ決まってしまえば、あとはそのルールに従って、その都度人間が教えなくても、コンピュータが速やかにメールを分類してくれます。

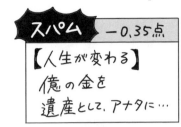

教師あり学習で、スパムメールの検出ができるようになりました！

　猫のような画像認識AIも、「これは猫、これは猫じゃない…」のように教えることで猫認識ができるAIができます。
　音声認識AIも、「これは"あ"、これは"い"…」と教えることで音声認識AIができるわけです。

ふむふむ、分類問題についてよくわかりましたぞ。これで僕もモテモテ。確実なビジネスで億単位のお金が転がり込み…、はっ！スパムメールの読みすぎで、妙な影響が！

回帰問題＜数値を予測する＞

　分類問題の方は、入力されたものが、「普通のメールかスパムメールか」、「入力された画像が猫と犬のどちらか」、「入力された文字が五十音のうちのどの文字か？」といった、**どれかに分類するもの**でした。
　ですが、「**回帰**」といって、**数値を出す**こともできます。

　たとえば、顔写真から、「美しいか美しくないか」といった分類をしてもいいのですが、**美しさ－0.5とか、＋3のように数値を推定したい**ときは、回帰を使うと実数を出力してくれます。
　天気も、「晴れか曇りか雨かを予想したい」場合は分類になりますが、「**明日の気温が何度になるか予想したい**」場合は**回帰**になります。あるいは株価のデータを使って、「**株価が上がる確率はいくらか**」といった**確率を扱う場合**も回帰を利用できます。

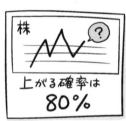

回帰＝結論が具体的な数値で出せる！

　回帰問題は、データ群から、**そのデータがうまく説明できるような線**を求めるものです。

> データがうまく説明できるような線…？　一体何なのか、気になります。これからじっくりお話してくれるそうです。

Chapter3 人工知能は情報からどのように学ぶの？

 ぴったりの線（関数）を見つけよう！

 それではこれから、回帰問題について考えていきます。まずは、中学で習った「一次関数」を何とな〜く思い出してください。

POINT

- **関数**とは、一方の数値（変数 x）が決まると、もう一方の数値（変数 y）も決まる対応関係のことです。
- 関数のグラフは、その x と y の対応関係を表しています。
- 下図のような**一次関数**では、グラフは**直線**になります。

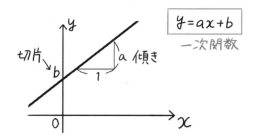

- a は傾き、b は切片といいます。この **a と b の値を調節**することで、直線グラフの、傾き具合や位置が変わります。
- この a と b は、補助的な変数で、**パラメータ**といいます。

ここでは、回帰問題の例としてよく使われる**天気**で考えてみましょう。
　気象庁から提供される毎日の降雨量、温度、湿度、気圧、風向きなどの気象データを取得して、数千日分のデータをセットにして学習データとして与えます。
　このデータから、**翌日の降雨量を予測できる回帰式**を作ります。

　回帰式というと難しい感じがするかもしれませんが、中学で勉強した**線形式（一次関数）**を作って、たとえば**降水量という変数を、温度、湿度、気圧、風向きなどの別の変数の値で予測する式**を作るということです。

一つの変数の値を、**別の一つの変数の値**の線形式から予測・説明するものは**単回帰**で、以下のような式で表されます。

$$y = a_1 x + e$$

　しかし、天気予報の例のように、**複数の変数**で予測する場合は、次のような**重回帰式**になります。

$$y = a_1 x_1 + a_2 x_2 \cdots + a_n x_n + e$$

降水量　温度　湿度　…

ふむふむ。「降水量」を予測する際に、関連するデータが「温度」だけだと、あまり予測が当たらなそうです。「温度が高いほど、降水量が多い」などの単純な関係ではなさそうですから。でも、「温度、湿度、気圧、風向き」など色々なデータが組み合わさっていれば、結構きちんと予測ができそうです。

　この式で、実際の降水量をうまく予測できるように、係数 **a** の値（温度や湿度などの各変数の重み、つまり降水量への影響度）を調整しながら探します。

「温度、湿度、気圧、風向き」などの要素は、それぞれどの程度、「降水量」に影響しているのでしょう？　たとえば、「湿度が高ければ、雨が降っていて降水量が多いはずだ！」とか「風向きは、降水量にはあまり影響しないのでは…？」など、色々考えられますよね。a_1, a_2, a_3…の値を調整することで、それぞれの影響度を式に組み込めます。実際の「降水量」のデータに、ぴったり当てはまるような式が作れるように頑張りましょう〜！

さて、「aの値を調整」というのがイメージしにくいかもしれませんので、図にしてみましょう。いわゆる一次関数ですね。

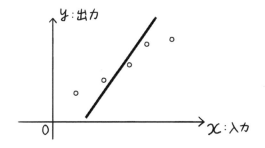

上の図は、ちょっと線からはみ出しているデータが多いですよね。

この式（線）では、実際の降水量（データ）を、うまく表せていないということです。そこで、データがうまく直線の上に乗るように直線の傾きを調整していきます。

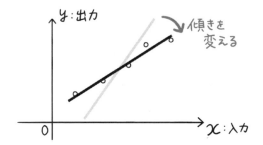

こうなると直線とデータが、よりうまく収まりました。このような関数を見つけることを自動的に行うのが、**機械学習**です。関数を作る**複数のパラメータ**（重み a_1, a_2…, 切片 e）をいろいろ動かして、その中でデータに一番合うものを探して、**あらゆるデータを一つの関数で表現する**ことで、いろんな要因によって決まる降雨量を**高い精度で予測できる**ようにするのです。

> つまり、線とは式であり、関数なんですね。そして、実際のデータにぴったり合致する関数を見つけられたら（式を作れたら）、そのデータに関する法則性や真理を得たようなものです。関数を使って、未来のことも、どんどん予測できます！

過学習に注意しましょう！

　教師あり学習で重要な問題として、「いかにして**汎化能力**★を高めるか」ということがあります。

　教師あり学習では、**人間が用意した学習データ（訓練データ）**にはちゃんと対応できているのに、いざ実際に**未知のデータ（テストデータ）**に使おうとしたら、まったく対応できないということがよくあります。

　「訓練データさえ正解できればいいでしょ！」という状態になってしまうことを「**過学習**」と言います。意味を考えずに過剰に勉強させられすぎた子供のようです。

　この問題をクリアして、**あらかじめ用意した学習データにもちゃんと正解できる（過去問が解ける）**し、新たに出会ったデータにもきちんと正解できる（**本番の試験でも点数がとれる）**ような学習器を作りたいわけです。

　パラメータが多く、色々な要因を表すようなモデル★ほど過学習になりやすいと言われていますので、欲張らず、パラメータの数を限定しておくという手もあります。

 汎化能力は、未知のデータに対応できる能力のことです。一般化、普遍化の能力。
モデルは、「何らかの事象について、さまざまな要素とそれら相互の関係を定式化して表したもの」です。

あるいは、**モデルのパラメータに極端に大きい値**があると、入力データが少し変わっただけで得られる結果がすごく変わってしまうので、パラメータが0から離れるほどペナルティを与えることで過学習を抑制するという方法です。

テストデータ（未知のデータ）を十分用意して、過学習が起きていないか注意しましょう。

要因が多すぎたり、パラメータの値が極端なのは良くないということですね。先ほどの降水量の例でいうと、「温度、湿度、気圧、風向き…」などの要素が何十個もあったり、たとえば、温度のパラメータだけが際立って大きかったりすると、過学習になりやすいようです。

うんうん、しっかり理解できたようですね。さて、長くなりましたが、ここまでは「教師あり学習」のお話を続けてきました。次は「教師なし学習」についてお話します。

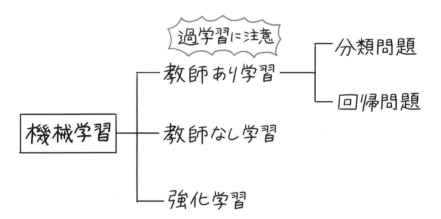

教師なし…。ひょっとして、坂本先生いなくなってしまうのでしょうか？ どんな学習方法なのか気になります。

教師なし学習とは？

　正解を出すことが目的の**教師あり学習**は、コンピュータに「入力データと正解データのペア」をたくさん教える方法でした。
　しかし、世の中には、そもそも**正解が何なのか、人にもよくわからないもの**もたくさんあります。

　そこで機械学習の中には、**正解がよくわからないデータをコンピュータに分析させて、何かしらの構造やルールを見つける**、「**教師なし学習**」という方法があります。
　入力データと正解のペアを作る必要がなく、データをそのまま入れてしまえばコンピュータがデータを分類してくれたりします。
　「正しく分類された正解」を準備することが困難な時に、**「分類の仕方」自体もコンピュータに考えてもらおう！**ということです。

 教師なし学習には、データと正解のペアが要らない！

Chapter3 人工知能は情報からどのように学ぶの？ 091

　たとえば企業が**お客さんをタイプ別に分類する**際に、教師なし学習が利用されています。お客さんには最初から正解不正解のあるようなラベルをつけることはできませんし、お客様アンケートやインターネットの通販サイトの購買履歴などたくさんの情報があっても、それ自体から人間がお客さんについての何らかの傾向を把握しようとしても大変です。

　そこで、教師なし学習を駆使して、コンピュータにお客さんをタイプ別に分類させます。そうすることで、それぞれのタイプのお客さんごとに適した商品を紹介する「**レコメンド**」というサービスが展開できたりします。

ネットの通販サイトで「あなたには、これがオススメ！」と、自分の好みに合うような商品を紹介されたりしますよね〜。

　「教師あり学習」の説明の時の**メールの分類**の例を取り上げてみましょう。教師あり学習の場合は、「これは普通のメール」、「これはスパムメール」「これは…」というように、普通のメールかスパムメールかというように、あらかじめメールを分類したものでコンピュータに学習をさせます。

　しかし、メールはさまざまな種類がありますので、「迷惑メール」「仕事のメール」「友達からのメール」「先生からのメール」「ニュースなどの情報メール」「商品紹介メール」などなどなど、いろいろな分類の仕方が考えられます。**どういった分類がありえるか、コンピュータに分類を任せてみる**ことで、よい分類方法が見つかったりするかもしれません。

グループ分けをしてみよう！

　このような、正解の与えられていないデータを「分類する」という方法の中の代表的なものとして、ここでは**「クラスタリング」**という方法について紹介しましょう。
　クラスタリングとは、**与えられたデータを似た者同士でまとめる方法**です。よく例に挙げられるものですが、次のようなさまざまな図形があったとします。

 クラスタリング（分類）対象のデータ

　この一つひとつがデータです。これらのデータには、複数の属性があります。
　この例は視覚的にわかりやすいので、ぱっと見ただけで、色や形という属性があることはわかりますね。でも、これらの図形をクラスタリング、つまりグループ分けするように言われても、**どの分け方が正解なのかは特に決まっていません**。次ページの図のように、さまざまな分け方が考えられます。

　Aは**形で三つに分けたもの**、Bは**色で三つに分けたもの**です。
　しかし、分け方は他にもいろいろ考えられます。Cは**「丸みがあるかないか」**で分けたものですし、④は、**「トランプのマークにあるかないか」**で分けたものです。正解不正解がないので、何でもありえるわけです。

Chapter3 人工知能は情報からどのように学ぶの？ 093

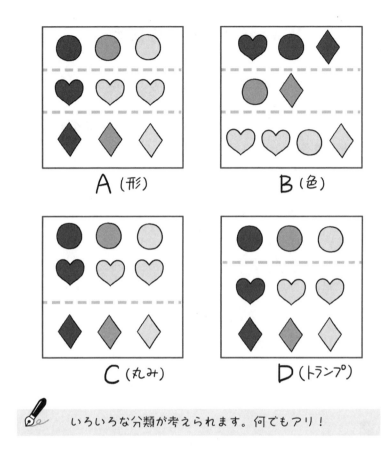

いろいろな分類が考えられます。何でもアリ！

　このように、クラスタリングは正解がわからないデータに対して、**どのような法則があるかをわかりやすくする（見やすくする）**ことが目的で、「そこから何を発見するか、どう解釈するか」は人に委ねられていると言えます。

　いろいろな分類があり得てしまうので、クラスタリングする際に、**何らかの前提**を設けます。
　たとえば、「どのグループも同じ数だけの図形が含まれるようにする」という条件を設ければ、コンピュータは「Aの分類方法が一番妥当ですよ」と教えてくれます。

k-means という分類方法

さらに、**クラスタリングの代表的な方法として**、k-means という非常に広い分野で用いられている方法があります。

k-means は、どのクラスタ（集まり）も**同じくらいの個数のデータが含まれることを前提にする**ため、この条件にそぐわないデータを分析するとわかりにくい結果になることもあります。

また、いくつのクラスタに分けるかは、あらかじめ人間が指定しなければいけないので、**クラスタ数を4**と指定すれば**無理矢理にでも四つに分類**します。

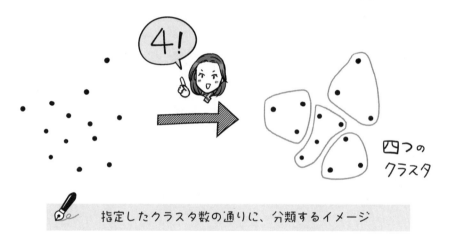

指定したクラスタ数の通りに、分類するイメージ

たとえば、47都道府県のデータを二つのクラスタに分けると、一つのクラスタあたりのデータの個数は、23個ぐらいになるんですね。四つのクラスタだと、12個ぐらいですかあ。

そういうことです。でも、無理矢理に分けているから、ちょっとわかりにくい点も出てくるかもしれませんよ〜。ちなみに k-means の「k」は、「指定されたクラスタ数 k 個に分類する」という意味に由来しています。

強化学習は、アメとムチ

　人は、失敗や成功の試行錯誤の中で、どうしたらうまくいくか学習していったりしますよね。
　同じように、コンピュータにも**試行錯誤させて失敗と成功から学習させよう**という方法があります。「**強化学習**」といって、「**習うより慣れろ**」的な学習方法なので、どちらかというと「教師なし学習」に近いです。

　人は、失敗すると叱られたり、損をしたりするのに対し、成功するとほめられたり、お金がたくさんもらえたりする、ということがあるので、「成功したい」という意思を持って学習します。
　そこで、コンピュータにも、得点が高くなることを目標とするように指示だけ与えて、試行錯誤の過程で、**失敗には罰を、成功には得点を与える**ことで、目標に向かわせることができます。

　ネズミやサルを使った動物実験でも、ある行動（レバーを引く）をしたときに、**ごほうび（えさ）を与え**たり、**罰（電流が流れる）を与え**たりすることで、**学習を促す**という方法がとられます。
　　最初は、動物は適当に行動していますが、何かのきっかけで、ある行動をすると罰を受ける、ということを知ると、その行動はしないようになったり、ある行動をするとごほうびがもらえる、ということを知ると、どうすればもらえるのかな？　と**試行錯誤の結果、ルールに気づく、つまり学習する**のです。

このような方法をコンピュータでやってみるのが「**強化学習**」です。コンピュータの場合も、次のような流れで学習していきます。

① 最初は何をしたらいいかわからないので、とにかくランダムに動いてみる。

② ある場合に報酬（＋の得点）が与えられたら、いつ、何をしたら、報酬がもらえたと、**行動と報酬のペアを記憶**する。逆に、ある場合に罰（－の得点）が与えられたら、いつ（どのような条件の時に）、何をしたら、罰が与えられたと、**行動と罰のペアを記憶**する。

③ 次からは、ランダムさは残しつつ、前の記憶に基づいて、**報酬がもらえそうな行動**を試す。

④ 報酬がもらえそうな行動をしてみた結果、予想通り報酬がもらえたら、また、いつ（どのような条件の時に）、何をしたら、報酬がもらえたかという行動と報酬のペアを記憶します。つまり、**この行動と報酬のペアを強化**します。

以上の流れを繰り返させることで、コンピュータを賢くします。**とても動物的な学習方法**ですよね。

実際に、動物は大脳基底核という部分で、このような強化学習を行っているのではないかとされています。

3.2 ニューラルネットワークってどんなもの？

あらら。ロボくんは勘違いしてしまったようですね〜。ニューロンは、確かに妙な形をしていますが、寄生虫ではありません！脳の神経細胞なんですよ。

そうだったのですか。いやはやお恥ずかしいことです。「人工知能」ということで、ひとまず脳について予習してみたのですが、そのニューロン（脳の神経細胞）とやらも、AIに関係してくるのでしょうか？

もちろんです。これからお話する「ニューラルネットワーク」は、人間の脳のしくみをコンピュータで模倣したものです。ニューラルネットワークは「神経回路網」という意味ですね。

脳はニューロンでできている

　人間の脳のしくみはまだ解明されていません。少しずつわかってきたこととして、脳自体がすごい記憶力や計算力、認識力を持っているわけではなく、300億個を超える膨大な数の**ニューロン（脳神経細胞）がさまざまに結合し、情報を伝達したり処理したりする**ことで、記憶したり、計算したり、考えたり、ものを認識したりしていると考えられています。

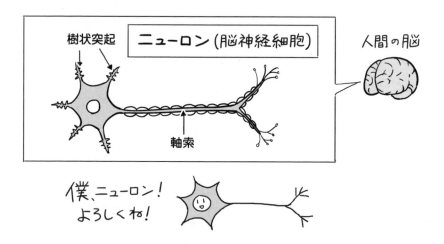

　脳神経科学の研究は世界中で昔から盛んに行われていますが、まだ、人間の脳の全体像の解明にはほど遠いです。それを考えると、人工知能研究は、コンピュータで知能（脳の働きによって生み出されるもの）を作ろうとしていたりするすごい研究、ということになります。
　ここでは、**人間の脳のしくみをコンピュータで模倣する**ことに挑戦している「**ニューラルネットワーク（Neural Network）**」というものについて、お話しましょう。

 脳のしくみを模倣するためには、ニューロンのしくみについて知らなければいけません。これから脳神経に関するお話をしますが、すべてAIの話題に繋がっていくんですよ〜。

「ニューラルネットワーク」は、人間の脳のしくみをコンピュータで模倣しようとしたものです。脳は**ニューロンの巨大なネットワーク**と考えられています。ネットワークを構成しているニューロンは無数にあり、その数は300億個以上もあるともいわれています。

ニューロンの役割は情報処理と、他のニューロンへの情報伝達（入力・出力）です。他のニューロンへの情報伝達は、**神経伝達物質によるシナプス結合**によって行われ、知能に関する処理をつかさどっています。

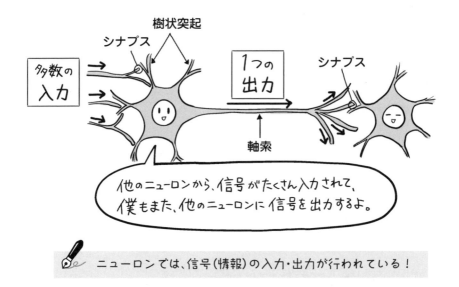

ニューロンでは、信号（情報）の入力・出力が行われている！

「シナプス」とは、ニューロンとニューロンを繋ぐ、接触部分のことです。ニューロンたちはさまざまに結合しますが、物体として結びつくのではなく、シナプスで電気信号（情報）をやりとりすることで結びつくのだそうです。

このような人間の脳を模倣したしくみを作れば、「人間の脳と同じようなコンピュータプログラムが作れるはず」というのは昔から考えられていました。

人工ニューロンのしくみ

　1943年に、ウォーレン・マカロック (Warren McCulloch;1898-1969) とウォルター・ピッツ (Walter Pitts;1923-1969) が、一つのニューロンが他のニューロンから信号を受け取ると、その量に応じて興奮する・しないという「**人工ニューロン**」という**数学的なしくみ**を考えました。

　人間の脳は、ニューロンの組み合わせでできているので、この**ニューロンをコンピュータで再現しようとした**のです。それ以降、いろいろな人が人工的に作ったニューロンをいろいろ組み合わせることで、賢いコンピュータプログラムを作ろうと試行錯誤してきました。今をときめくディープラーニングは、この人工ニューロンの発明からスタートしたので、3章は、ディープラーニングの発明までの歴史をたどるものになるでしょう。そこでもう少し「**人工ニューロン**」**の考え方**について丁寧に見ておきましょう。

　前ページで見たように、動物のニューロン（神経細胞）は、樹状突起からたくさんの入力があって、一つの軸索への出力がある、という形をしています。**普通は入力があっても何も出力されませんが、短い時間でたくさんの強い入力があると、軸索を通って、他のニューロンに信号が送られます。**これを「**発火**」といいます。

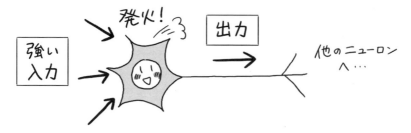

 普通の弱い入力だと、そこで終わってしまいます。でも、強い入力があると、発火（興奮）が起きて、他のニューロンへの出力が起きます。つまり、入力の強さ次第で、出力があったりなかったりするのです。この現象を、模倣したいわけですね。

実際の動物のニューロンはもっと複雑ですが、マカロックとピッツは、細かいことはとりあえず置いておいて、人工的にシンプルなニューロンを作ったわけです。これが「**人工ニューロン**」の由来であり、特にこの世界初の人工ニューロンのことを「**形式ニューロン**」ともいいます。

下図を見てください。人工ニューロン（形式ニューロン）は、本物のニューロンのように**複数の入力と一つの出力**があります。**入力は、1と0のどちらかで、出力も、1と0のどちらか**です。動物のニューロンは電気信号の量ですが、コンピュータで実現するために、1と0の数値で扱います。

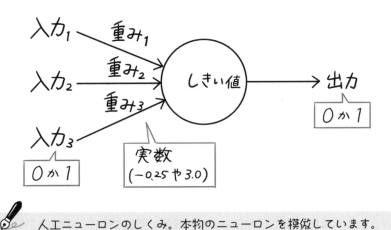

人工ニューロンのしくみ。本物のニューロンを模倣しています。

入力から出力に至る処理ですが、人工ニューロンでは、入力一つひとつに「**重み**」が与えられています。**重みは1か0ではなくて実数**ですので、-0.5とか3.6など自由に設定できます。あとは入力に対して重みをかけ算して、全部足して、それが**一定の値以上になったら出力は1とし、一定の値にならなければ出力は0になる**というシンプルなしくみです。

一定の値というのは、各ニューロンに与えられる「**しきい値**」というものに相当します。

　　　　信号の総量　≧　しきい値　⇒　興奮する
　　　　信号の総量　＜　しきい値　⇒　興奮しない

というしくみに基づいて、ニューロンに設定する数値です。

このような単純なしくみの人工ニューロンをうまく組み合わせて、重みもうまく調整することで、今のコンピュータで行われる処理はすべてできると言われています。このような**人工的に作ったニューロン**を組み合わせたものが**ニューラルネットワーク**です。

 重みは、重要度や信頼度

　ニューラルネットワークでよく使われる「**重み**」というのは、一般的な言葉にすると、「**重要度**」とか「**信頼度**」というものになりますが、清水亮氏の著書の中で紹介されている、うわさ話に喩えた説明がわかりやすいです。

　AさんとBさんという友達がいたとして、Aさんはある映画を「面白かった」と言い、Bさんは「面白くなかった」と言いました。それを聞いたCさんがその映画を見てみたところ、面白くありませんでした。そこで、Cさんから見たAさんの**信頼度（重み）**は下がり、次にAさんが「このマンガ面白いよ」と言っても、Cさんは、Aさんのいうことだから信用できない、と考えます。

　ところが、Bさんも「このマンガは面白いよ」と言ったので、Cさんは、**BさんもAさんも面白いというなら面白いのかも**、と思って、そのマンガを読んでみたところ実際に面白かったので、**大興奮**して他の人にこの情報を伝えたくなります。これがニューロンが「**活性化**」した状態となります。

　Cさんは、Aさんからのリンク、Bさんからのリンクそれぞれに「重み」を持っていて、それらが合わさって、それらからの**情報の信頼度が一定以上になると、活性化する**のです。

ヘップの学習則

　人工ニューロンのようなシンプルなものでもすごいことができそうということで、時代は第一次人工知能ブームを迎えつつあった頃、1958 年に、フランク・ローゼンブラット (Frank Rosenblatt;1928-1971) は、**「パーセプトロン」**を考案しました。パーセプトロンは、先ほどの「人工ニューロン」のしくみに、1949 年に心理学者ドナルド・ヘッブ (Donald Hebb;1904-1985) によって発表された**「ヘッブの学習則（ヘッブ則）」**の考え方を組み合わせて作られました。

　ヘッブの学習則とは、**「シナプスの前と後で同時に神経細胞が興奮するとき、そのシナプスの結合は強化される」**という法則です。

　動物のニューロン（神経細胞）は、それぞれの役割が細かく分かれています。赤い色にだけ興奮する細胞、丸い形にだけ興奮する細胞、酸っぱい味にだけ興奮する細胞など、色々な細胞があると想定されます。

　ここで、たとえば「梅干し」を食べると、赤い色に興奮する細胞と、丸い形に興奮する細胞と、酸っぱい味に興奮する細胞が、同時に興奮します。一方、白い色に興奮する細胞、三角形に興奮する細胞、甘い味に興奮する細胞など、関係ない細胞は全く興奮しません。このとき、**同時に興奮した細胞同士のつながりは強化されますが、興奮した細胞とそうでない細胞とのつながりは弱くなります。**これがヘッブの学習則です。

　梅干しの赤くて丸い形を見ただけで、実際に食べなくても、酸っぱい感じがしてしまうのは、梅干しの**色と形に関する細胞**と**酸っぱい味に関する細胞**の結びつきが強くなっているためです。

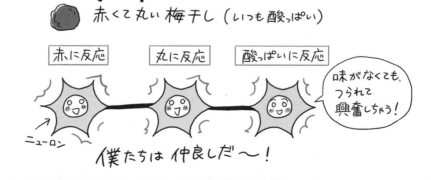

パーセプトロンとは？

　先ほどお話したヘブの学習則を利用して、ニューロンの結合を数理的なモデルにしたものが**「パーセプトロン」**です。パーセプトロンは、人工ニューロン（形式ニューロン）を**2層に並べてつなげた構造**です。

　また、人工ニューロンでは0と1しか扱えませんでしたが、**実数を扱えるようになっています**。特に重要な点は、結合強度**（重み）の調整**などで、**教師あり学習ができるようになった**ということです。

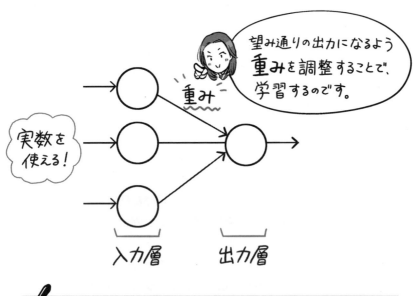

　🖌 パーセプトロンのイメージ。学習できるようになりました！

　神経細胞の働きと同じようなしくみを人工的に再現できるようになった、ということで期待は膨らみましたが、第一次人工知能ブームは終わりを迎えます。
　進化が期待された人工知能ですが、**パーセプトロンで扱えない問題**があることを、人工知能の父と言われるマービン・ミンスキー(Marvin Minsky;1927-2016)が指摘したのです。

1本の線（線形）では、分けられない！

パーセプトロンで扱えないのは、たとえば、**線形分離不可能な問題**です。

つまり、**一本の線では分けられないようなデータ**は扱えない、といったことです。

たとえば、横軸を体重、縦軸を身長にしたグラフに10万人のデータを配置して、それらのデータを10歳未満と10歳以上という**年齢**で分けようとしたら、大体1本の線で分けられるでしょう。

でも、これらを**収入**という特徴で分けようとしても、身長や体重と収入とは相関関係がありませんので、1本の線で分けることはできません。

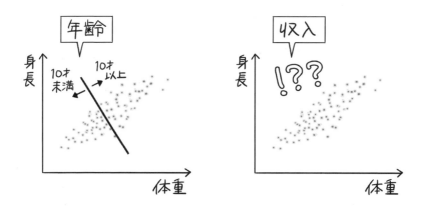

2層のパーセプトロンでは、ここからここまで、と分けられるようなデータしか学習できないことがわかったのです。期待が高まりすぎたために、人工知能ブームがあっさり冷めてしまったと言えます。

 2層のパーセプトロンは、残念な雰囲気になってしまいましたね。でも大丈夫。この後さらに新たな方法が発表され、複雑な問題もできるようになっていくのです。学習内容もちょっぴり複雑になりますが、じっくりお話していきますね～。

バックプロパゲーション（誤差逆伝播法）

パーセプトロン登場から30年ほど経った1986年、デビット・ラメルハート (David Rumelhart;1942-2011) や、のちにディープラーニングを発明するジェフリー・ヒントン (Geoffrey Hinton、1947-) らが、**バックプロパゲーション（誤差逆伝播法）**を発表しました。

第一次人工知能ブームが終わった時は**2層**だったパーセプトロンに「**隠れ層（中間層）**」というものを設けて**3層構造**にすることで、不可能だった問題も解けるようになりました。

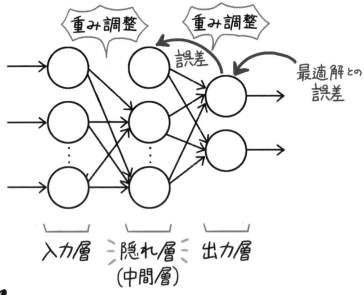

バックプロパゲーション。誤差を逆方向に返すのが特徴です！

これによって何ができるようになったかというと、コンピュータが出した回答が正解でなかったり、期待していた数値とは離れていたりした場合などに、**その誤差を出力側から逆方向に返して、各ニューロンの誤りを正したり、誤差を少なくする**ということです。

Chapter3 人工知能は情報からどのように学ぶの？ 107

　人間も、計算問題を間違えた時、どこで間違えたのか、**解答から計算式をさかのぼって計算間違い**を見つけたりしますよね。それで間違えたところを見つけたら、そこを**修正**して解き直したりすることに似ています。

> 誤差（間違い）を、逆向きに伝播（伝わり広げていく）から、こういう名称なんですね。さかのぼることで原因を見つけて、修正していく…と。

　バックプロパゲーションのおおよその手順は、次のようになります。

① ニューラルネットワークに学習のためのサンプルを与えます。

② ネットワークの出力と、そのサンプルの**最適解（正しい答え）を比較**します。各出力ニューロンについて**誤差を計算**します。

③ その出力値と、そのサンプルの**期待値（正しい答え）とを比較し、誤差を計算**します。

④ 次の層の結果をもとに、**各ニューロンのリンクの重みの誤差（局所誤差）を計算**していきます。

こうして**重みの誤差が調節できる**ようになるのです。

　このような方法で、以前の２層のパーセプトロンでは学習することのできなかった**非線形分離問題というものが解決できる**ようになりました。

> 「重みを調整」とはどういうことなのか、この後、数字の文字認識を例にあげて、詳しく説明していきますよ〜。

誤差が小さくなるように、重みで調整！

　抽象的な手順でイメージがわきにくいかもしれませんので、**手書き文字の学習**の場合を例にして考えてみましょう。
　次ページの図を見てください。たとえば、手書き文字「7」の画像を入力したところ、間違えて「1」と判定した場合は、**「入力層」と「隠れ層（中間層）」をつなぐ部分の重み**w_1、そして**「隠れ層」と「出力層」をつなぐ部分の重み**w_2の値を変えて、正しい答えが出るように調整をするのです。

　重みづけは、**ニューロン同士をつなぐ線の太さ**です。
　この線の数はとても多く、隠れ層が仮に100個あったとすると、エムニストのデータセットの手書き数字は28ピクセル×28ピクセル＝784ピクセルの画像なので、**重み**w_1**の線の数**（784×100）＋**重み**w_2**の線の数**（100×10）で合計約8万個もあります。

 図にも書いてあるように、784ピクセルを、ピクセル単位に分割して読み込ませます。ですので、入力層は「784個」ものニューロンが並んでいます。また、出力層は「10個」のニューロンが並びます。これは「0から9」までの10個の数字の確率を出力しているのです。ちなみに今回は手書き文字「7」を入力していますので、「7の確率」が一番の高確率になるのが、正しい出力結果ということになります。

　この膨大な数の重みづけを変えると、**画像の切り取られる空間の形**が変わりますが、**ある切り取り方が、数字の「7」を表現する**ことになります。

 784個並んだピクセルのうち、どのピクセルをどんな風に注目するのか、が変わる感じですね。たとえば、「7」と「1」を見分けるためには、7の上部の横ラインの特徴を捉えることが重要ですよねえ。

誤差逆伝播法では、**ある一つの重みづけを大きくすると誤差が減るのか、小さくすると誤差が減るのか**を計算しながら、誤差が小さくなるように、8万個分の重みづけをそれぞれ微調整していくという気が遠くなるような作業をひたすら行います。

当然この学習作業はとても時間がかかりますが、ひとたび学習が終了すると、うまくいくようになった重みづけを使って、訓練用に使ったデータとは違う、誰かが書いた手書き数字を入力しても、**瞬時にその数字が何であるか認識できるようになる**のです。

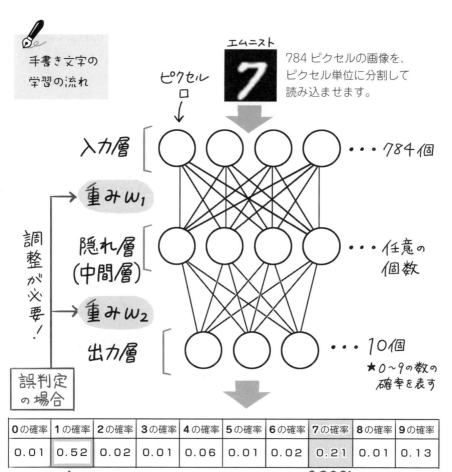

層を増やすと…届かない!?

　3層にしたらうまくいき、2層のときにはできなかったものが扱えるようになったのだから、**4層、5層**と増やしていけば、調整できる自由度があがり、各層のニューロン数は少なくても、**より精度が上がるのではないか**、と期待されました。

　ところが、4層以上のバックプロパゲーションは**うまく学習が進みませんでした**。誤差逆伝播法では、層が深くなると、**誤差逆伝播が下の方まで届かず**、最後の方の層だけうまく調整されて結果が出せても、入力に近い方の層までは、誤差の情報が来なくなるので、層を深くしている意味がなくなってしまうのです。人間がどの層もきちんと学習するように手をかければ、少しよくなったりすることもありますが、それでは大変すぎる、ということで、この方法はその後人気がなくなってしまいました。

　人の脳をニューラルネットワークで再現したような人工知能を作ろうというような**第2次人工知能ブーム**は終わり、「**サポートベクターマシン**」などの、ニューラルネットワークとは異なる方法が機械学習で一般的に用いられるようになりました。その後のディープラーニングの登場で少し目立ち度は低いですが、これらの方法にはいまだに根強い人気があります。

 ## サポートベクターマシンの長所とは

　サポートベクターマシン（Support Vector Machine；SVM）は、1995年頃にAT&Tのウラジミール・ヴァプニク(Vladimir Vapnik;1936-)が発表した**パターン識別用の教師あり機械学習方法**です。
　「**マージン最大化**」というアイデア等で汎化能力が高く、非常に優秀なパターン識別能力を持つとされています。

パターン識別とは、入手データの「分類」を行うことです。ちなみに、画像認識や文字認識のように、雑多なデータから意味のある対象を見分けて認識することを、パターン認識といいます。何かを認識するためには、識別が必要なので近い意味でもありますね～。

　カーネル・トリックという魔法のような巧妙な方法で、パーセプトロンの課題でもあった**線形分離不可能な場合でも適用可能**になったことで応用範囲が格段に広がり、研究で非常に多く用いられるようになりました。
　しかし、**データを二つのグループに分類する**ような問題は得意なのですが、多クラスの分類にはそのまま適用できず、計算量が多く、関数の選択の基準も無い等の課題も指摘されています。また、誤差逆伝播法等と比較して優れているとも言えない、少し性質の異なる方法になります。

　「マージン最大化」とは何か、これから簡単に説明します。
　誤差逆伝播法などの場合、少しずつニューラルネットワークの状態を調整し、変化させて、学習データを正しく識別出来たところで**学習を止めてしまう**ことになります。そこで、場合によっては下のように、クラス（集まり）の端の**ギリギリの所に線を引いてしまう**こともありえます。
　この線が本当に適切なのかというと、人ならあまり引かないようなところに線を引いてしまっていると言えます。

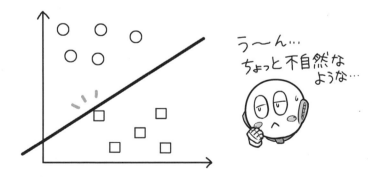

 誤差逆伝播法などの場合、ギリギリの所に線を引いてしまう！

それに対し、サポートベクターマシンであれば、下図のように、2つのグループ間の最も距離の離れた箇所（**最大マージン**）を見つけ出し、その真ん中に識別の線を引きます。

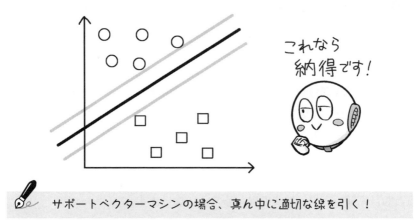

サポートベクターマシンの場合、真ん中に適切な線を引く！

図の例では、灰色の線より黒い線の方が両者を隔てる幅が広いため、**適切な線**と言えます。このように**学習データによる識別線**によって、多くの未学習データの判別が可能になる事を「**汎化能力**」といいます。

過学習と汎化は、トレードオフ

P.106の三層のパーセプトロンのように、**階層構造をもったニューラルネットワーク**のことを、「**階層型ニューラルネットワーク**」といいます。

階層型ニューラルネットワークは、発展が期待されましたが、各層で過剰な適合による「**過学習**」によって引き起こされる汎化能力の障害などが問題となって、下火になってしまいました。

「**訓練データへの過学習**」と「**未知のデータへの汎化**」は**トレードオフの関係**にあるとされ、学習課題によって優先度が変わりますが、機械にはこれが難しいのです。人間を含む動物はこのようなトレードオフに柔軟に対処していると考えられています。

3.3 ディープラーニングは何がすごいの？

おや？ 今回の予習は完璧だと思っていたのですが、坂本先生の反応から考えるに、何か間違っていたのでしょうか…。

ま、まあ、「なんだかすごそう」ってイメージは伝わってきたわ。さて、今からお話する「ディープラーニング」は、「機械学習の新しい方法」であると、P.27 でお話しましたね。

はい、覚えております。それに先日、テレビの情報番組でも耳にしましたぞ。今の人工知能ブームの中心にあるのが、この「でぃーぷらーにんぐ」なるもののようですが…。一体、何がどう、すごいんでしょうねえ…。

ディープラーニングが有名になった日

　第2次人工知能ブームが終わり、長い冬の時代にあった2012年、人工知能分野の研究者を驚かせる出来事がありました。世界的な**画像認識のコンペティション ILSVRC**（Imagenet Large Sale Visual Recognition Challenge）で、東京大学、オックスフォード大学などの世界中の一流大学や一流企業が開発した人工知能を抑えて、初参加のカナダのトロント大学が開発した **Super Vision** が圧勝したのです。

　このコンペは、ある**画像に映っているのが花なのか、動物なのかなどをコンピュータが自動的に当てる**という課題に対して、いかに正しく認識できるかを競い合うものです。

　1000万枚の画像データから**機械学習で学習**し、15万枚の画像を使ってテストして、その正解率を競います。画像認識で機械学習を用いるのは常識ですが、**設計において人間の手が多く介在**していました。画像の中のどういう**特徴**を使うとエラー率が下がるのか、試行錯誤が重ねられていました。

> この後詳しくお話しますが、従来の機械学習では「特徴量を人間が教えなければいけなかった」のです。1章P.29のメモも読み返してみてくださいね〜。

　このような試行錯誤の積み重ねで、1年ごとにエラー率がやっと1%下がるという程度で、その年もエラー率26%台での勝負かと思われたところ、1位と2位になったSuper Vision は15%台を出したということで、世界中が驚いたというわけです。
　そして、このとき使われたのが、トロント大学の**ジェフリー・ヒントン**が開発した**新しい機械学習の方法**である「**ディープラーニング（深層学習）**」でした。

自分で特徴量を抽出するのがすごい！

ディープラーニングの何がすごいのかというと、それまでは人間が介在して特徴量の設計をしていたのですが、**コンピュータが自ら特徴量を作り出し、それをもとに画像を分類できるようになった**、ということです。

自ら「**特徴表現学習**」ができるようになった、という言い方がされたりします。

 コンピュータに「猫」を学習させようとする場合

 特徴量を作り出すのは、非常に大変でした。人間が「いかに正しい特徴量を抽出できたか」によって、コンピュータの認識や推測の精度が大きく変わってしまうので責任重大です…。でも、ディープラーニングなら、コンピュータが自ら特徴量を作り出してくれます。大量のデータを与えるだけでいいのです！

人は、「あれは猫よ」「あれも猫よ」と教えられるだけで、猫の特徴までいちいち教えられなくても、いつしか自然に「猫とは何か」を学習できます。
　コンピュータにはこれができないと考えられていたので、**自ら学習できるようになった**ということは、人のように自律的に動く人工知能の開発に向けてのブレイクスルーだったのです。

ディープラーニングは4層以上

　ディープラーニングの「ディープ」とは、層を何層にも深く（ディープに）重ねたものであることに由来します。
　ディープラーニングは、**多階層（4層以上）のニューラルネットワーク**なのです。

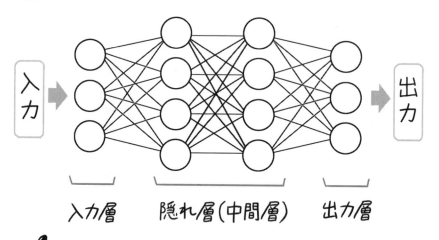

　ディープラーニングは、中間層が2層以上、全体で4層以上です！

ん〜。ディープラーニングは層が多い、ということはわかりましたが…。でも、P.110で「層を増やしすぎると、学習がうまくいかなくなった」とありましたよねえ。その問題はどうやって解決したのか、何かカラクリがありそうです。

自己符号化器は、入力と出力が同じ！？

　P.110で、4層以上のニューラルネットワークを作る試みはうまくいかなかったとお話ししました。層が深くなると、誤差逆伝播が下の階層まで届かないという問題があったからです。ディープラーニングは、1層ずつ**階層ごとに学習**していくことと、「**自己符号化器（オートエンコーダ）**」という**情報圧縮器**を用いることで、この問題を解決しました。

　ニューラルネットの場合は、正解を与えて学習させる、ということが必要でした。たとえば、「手書きの7」という画像を見せて、正解データとして「7」を与えます。
　それに対して、**自己符号化器では、「入力」と「出力」を同じものにする**ということをします。たとえば、「手書きの7」の画像を入力したら、正解も同じ「手書きの7」の画像で答え合わせをします。**正解を人間が教えているのではない**のです。

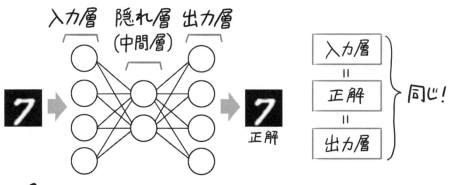

 自己符号化器のしくみ。「入力」＝「正解」＝「出力」になっています！

 入力と出力が同じもの？　問題も答えも同じデータなんて、無意味では？　…なーんて疑問に思っちゃいますよね。疑問を解消するためにも、まだまだ話は続きますよ〜。

入力と出力を同じものにする意味

　下の図を見てください。**入力と出力を同じにすると、隠れ層（中間層）のところに、その画像の特徴を表すものが自然に生成されます。**

　たとえば、手書き文字の画像の場合、28 ピクセル×28 ピクセル＝ 784 ピクセルの画像の例では、入力層が 784 個で、出力層も 784 個で、間の隠れ層はたとえば 200 個あるような感じです。784 個を 200 個に**圧縮**する際に、統計処理でよく使われる「**主成分分析**」と同じことをするわけです。

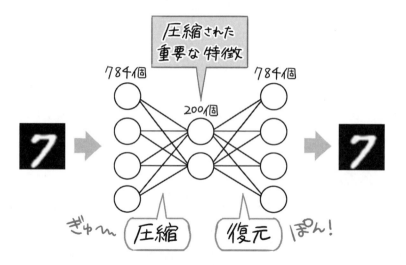

 「主成分分析」というのは、大規模なデータを、縮約する（コンパクトに要点をまとめる）ことで、データ全体の性質をわかりやすくするものだそうです。まさに、ぎゅっと「圧縮」するイメージですな。

 「入力と出力が同じもの」だからこそ、その間にある隠れ層には、「コンパクトになった要点」が自然に生まれるのです。ぎゅっと「圧縮」されて、その後「復元（元の状態に戻す）」も可能になるための、重要な特徴が隠されています。

ディープラーニングでは、これを多くの階層で行うことで、統計的な主成分分析では取り出せないような、**精度の高い特徴量**を取り出すことができます。実験データの解析でよく主成分分析を行っていた私には、とてもイメージがわきやすい原理でした。

　下図のように、1層目は784個の入力で、200個の隠れ層だったので、2層目への入力は隠れ層と同じ200個のデータになります。

　この200個のデータを同様に入力すると、隠れ層でたとえば50個になり、それをまた200個に戻します。この時、2層目の隠れ層には、1層目の隠れ層で得られた特徴量よりもさらに精度の高い特徴量が得られます。

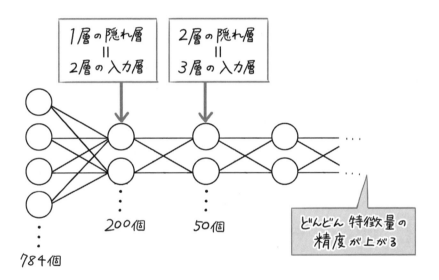

　これをどんどん繰り返していくとどんどん**「抽象度の高い、精度の高い特徴量」**が生成されます。最終的に出力されるものが、たとえば、**典型的**な7になるので、そこでこれは「7」なのだと名前を教えるだけで学習は終了！ということになります。

「抽象度の高い、精度の高い特徴量」とは、「概念」のようなものですね。モノ（入力されたデータ）について、「本質を捉える」ことが、学習の目的といえます。

人間に近い、かもしれない…？

　私は、認知科学者で、工学的な研究もしている人間なので、目的のものが作れればプロセスはどうでもいいようなタイプの工学研究はしたくないのですが、**ニューラルネットワークやディープラーニングの考え方は、人間がやっていることに近い**気がして、なじめます。

　人間も、生まれてから、いろんな人が書いた「7」を見て、毎回違う人が書いたものでさえ、同じ「7」だとわかるのは、こんなことをしているからなのだろうと思います。

　さらに、ディープラーニングでは、**マルチモーダルな情報**、たとえば「音と画像」とか「文章と画像」のような異なる感覚に関する情報を一緒に扱えるようになりました。「複数の五感からの情報」を同時に取得しながらうまく対処している**人間と近い情報処理能力をもつコンピュータの実現**に近づいたとも言えます。

ディープラーニングの手法

　ディープラーニングは、多層（4層以上）にしたニューラルネットワークの総称で、具体的な手法はいろいろあります。

　ディープラーニングの手法のうち、私の研究室でも取り入れている**代表的なもの**を三つ紹介します。ちなみに、ここで紹介する各手法の中にも、さらにさまざまな味付けのものがあり、なかなか奥が深く、また日々進化しています。

ちょっと難しいですが、「いろんな手法があるんだな～」と思ってください。何に使われているのかも、要チェックですよ！

◆ 畳み込みニューラルネットワーク
（Convolutional Neural Network；**CNN**）

　従来の画像に関するニューラルネットワークでは研究者の特徴量抽出の技量によって左右されていましたが、CNN では特徴量抽出をする必要がなく、有効な特徴量を学習の過程において自動で抽出を行います。画像を対象とする CNN は、早くも 1980 年代後半に、5 層から成る多層ニューラルネットワークの学習に成功しています。この方法に誤差逆伝搬法による学習方法を取り入れることで、CNN は完成しました。**CNN を用いた画像認識**が 2012 年にブレークスルーを果たしたことは、P.114 ですでにお話ししたとおりです。

　ちなみに、少し難しいのですが、CNN の典型的な構成について紹介すると、入力側から出力側にかけて「畳み込み層 (convolution layer)」と「プーリング層 (pooling layer)」がペアで順に並んでいることが多いようです。他にも畳み込み層とプーリング層の後に、局所コントラスト正規化層 (local contrast normalization；LCN) を挿入することもあり、それらを何層も重ね、その後隣接層間を結合した全結合層 (fully-connected layer) を配置し、最後には出力関数として回帰では恒等写像、多クラス分類にはソフトマックス関数など用途に合わせた関数が用いられます。

　CNN は、モデルとして人の脳内の視覚野に関する神経回路を模倣しており、人が行う**質感認識のしくみを模倣できるのではないか**と期待されています。

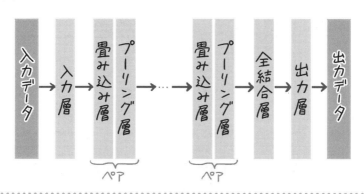

ちなみに、畳み込みニューラルネットワークの「畳み込み」とは、「畳み込み積分、合成積」という数学の計算のことだそうです。洗濯物を畳み込むこととは、まったく関係ありませんぞ。

◆ 再帰型ニューラルネットワーク
（Recurrent Neural Network ; **RNN**）

　RNNは、**音声や言語、動画像**といった系列的なデータを扱うのが得意なニューラルネットワークです。このようなデータは長さがサンプルごとにまちまちで、系列内の要素の並び（文脈）に意味があることが特徴です。RNNは、単語間の依存関係のような文脈をうまく学習し、**単語の予測を高い精度で行う**ことができます。

　少し難しいのですが、RNNは、内部に**(有向)閉路**を持つニューラルネットワークの総称ですが、このような**構造のおかげで、情報を一時的に記憶し、ふるまいを動的に変化させる**ことができます。これにより、系列データ中に存在する文脈をとらえることができます。この点は、通常の順伝播型ニューラルネットワークと大きく異なります。

　また、通常の順伝播型ニューラルネットワークは入力一つに対し一つの出力を与えますが、RNNは、過去のすべての入力が一つの出力へ反映されます。

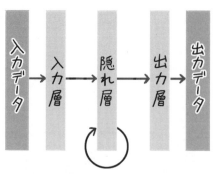

ぐるんと一周する矢印が、RNNの特徴です。この構造のおかげで、情報をフィードバックすることができるのです。

Chapter 3 人工知能は情報からどのように学ぶの？

◆ **ボルツマンマシン**
（Boltzmann machine）

ボルツマンマシンは、本節冒頭で紹介したブレイクスルーのきっかけとなったディープラーニング技術を開発したヒントンらによって1980年代半ばに開発された、**確率的に動作する**ニューラルネットワークです。

19世紀の物理学者で統計熱力学の創始者とされる、ボルツマン（Boltzmann）の名前が由来とされます。

ネットワークの動作に温度の概念を取り入れ、**最初は激しく徐々に穏やかに動作する**ように工夫しています。

最急降下法による誤差逆伝播法など局所解への捕捉が致命的問題とされていたのに対し、ボルツマンマシンは、確率的にあえて良くない解に移動するしくみを取り入れることで、**局所解からの脱出**を試みて成果を挙げました。

一般に、**データの生成モデル**として利用されています。

局所解とは「ある限定された範囲での解（答え）」のことだそうです。下図のように、もっと広い範囲を見ると「最適解（最も適した答え）」があるのですが…。局所解から脱出しないと、最適解に辿り着けないようです。やっかいですなあ。

目的によって、色々な手法を使っていきましょう。そんなわけで、ニューラルネットワークやディープラーニングについての説明はこれで終わりです。次は、「AI御三家」のお話ですよ～。

3.4 AI御三家「遺伝的アルゴリズム」って何？

と、唐突にクイズでびっくりしました。僕はひじょーに優秀なロボットではありますが、ワトソン（P.65）じゃないんですから、急にクイズなんて緊張してしまいますぞ。

ふふっ、驚かせてしまいましたね。実はこれから、AI御三家の一つでもある「遺伝的アルゴリズム」についてお話しします。

ふむふむ。その遺伝的アルゴリズムとやらが、クイズの答えだったのですね。「アルゴリズム」は、聞いたことがあるかもしれませんが、いまいちピンと来ない言葉です。

アルゴリズムとは、「ある特定の問題を解決するための、計算手順や処理方法」といった意味ですよ〜。遺伝的アルゴリズムも、「最も良い答えにたどり着くための方法」を示しているのです。

ほほう。なにやら便利な方法なのですね。しかし、「遺伝的」とはどういうことでしょう。謎が深まります…。

AI御三家の面々

近年、ディープラーニングがあまりに注目されているため、人工知能＝ディープラーニングと思われているような感じですが、**ディープラーニングは、ニューラルネットの進化型にすぎません。**

人工知能の「知能」のしくみの基盤を作る**AI御三家**は、ディープラーニングも属する「**ニューラルネットワーク**」、P.13で紹介した第2次人工知能ブームの花形「**エキスパートシステム**」、そしてここで新たに紹介する「**遺伝的アルゴリズム**」です。

ダーウィンの進化論をもとに

遺伝的アルゴリズム (Genetic Algorithm；GA) は、1975年にミシガン大学のジョン・ホランド(John Holland;1929-2015)が、**ダーウィンの進化論**をもとにして考案した人工知能です。

チャールズ・ダーウィン(Charles Darwin;1809-1882)は、1831年から1836年にかけてビーグル号で地球一周する航海をおこなって、航海中に各地のさまざまな動植物の違いから動植物の変化の適応について新しい着想をもち、自然選択による進化理論をもとに、1859年に『種の起源』と題する本を出版したことで有名です。ダーウィンの進化論の中の重要な点は、**自然淘汰(自然選択) 説**と呼ばれるもので、以下のようにまとめられます。

> 生物がもつ性質は、同種であっても個体間に違いがあり、そのうちの一部は親から子に伝えられたものである。環境への適応に**有利な形質**を持つ個体がより多くの子孫を残すことができ、**劣等な形質**を持つ個体は淘汰される。また、個体は**突然変異**を起こす場合があり、突然優秀な個体が生まれることもある。**これを繰り返すことで進化する。**

また、ダーウィンは「変異」をランダムな物であると考え、「進化」を進歩とは違うものと考え、特定の方向性はない**偶然の変異による機械論的なもの**と考えていたところも面白いところです。

　そこで、「**優秀な個体＝良い解答**」と見立てて、**進化の手法を使って最適な解答を見つけ出すということをコンピュータにさせる**というのが、遺伝的アルゴリズムです。

遺伝とは、親から子へ性質が受け継がれることですが、生物の世界では、「優れたものが生き残り、劣ったものは淘汰される」という面がありますよね。この現象を、解を求める方法に応用しているわけです。最終的に生き残るのは、「より良い答え」なんですね〜。

遺伝的アルゴリズムの使い方

　遺伝的アルゴリズムは、**無限にありうる答え**の中から、**最もよさそうな答えを見つけ出したり、作り出したりする**のが得意です。
　遺伝的アルゴリズムは、おおよそ次ページの手順で実装されます。

「個体の適応度」が高い方が、より優秀な個体（良い解答）ということです。ちなみに「交叉（こうさ）」とは、2つのものが交わることです。次ページの図もチェックしてくださいね。

世代交代を繰り返しては、優れた個体（良い解答）を探していくんですね。これは確かに、合理的というか、便利な方法というか…。うーん、すごい発想ですねえ。

遺伝的アルゴリズムの手順は、以下のようになります。

① N個の個体をランダムに生成します。

② 目的に応じた評価関数で、生成された各**個体の適応度**をそれぞれ計算します。

③ 所定の確率で、次の三つの動作のいずれかを行い、その結果を**次の世代**として保存していきます。
・個体を二つ選択して**交叉**を行います。
・個体を一つ選択して**突然変異**を行います。
・個体を一つ選択して**そのままコピー**します。

④ 次世代の個体数がN個になるまで、上の動作を繰り返します。

⑤ 次世代の個体数がN個になったら、それらを全て現世代とします。

⑥ ②以降の手順を所定の世代数まで繰り返し、最終的に、**最も適応度の高い個体を解として出力**します。

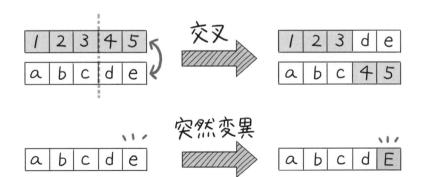

 交叉、突然変異のイメージ。こうして色々な個体を作ります！

遺伝的アルゴリズムは、**ゲームや株取引、飛行経路の最適化、航空機の翼の大きさの最適化、**などさまざまなことに用いられています。

私は、光栄にも、女優の菊川怜さんと同じ芸能事務所に所属しています。菊川怜さんは、東京大学理科Ⅰ類（工学部）を1999年度に卒業されていますが、その際、**「遺伝的アルゴリズムを適用したコンクリートの要求性能型の調合設計に関する研究」**と題する卒業論文を書いています。

コンクリートは、コンクリートの組成物質の砂やセメントや水の混合比で強度が変化するので、遺伝的アルゴリズムで**最適な調合法**を見つけようというものだったようです。

余談ですが、菊川怜さんは、私が東京大学駒場キャンパスで大学院生をしていた頃に時々大学生協でお見かけしていました。当時から美しかったですよ。

ふんは〜。生の菊川怜さんが見られたなんて、羨ましいですぞ！その美しさにも、遺伝が関係しているのかもしれませんねえ。それにしても、この3章は盛りだくさんの濃い内容でありました。ひじょーに優秀なロボットの僕でも、少しヘトヘトです…。

お疲れさまでした！　この章で険しい山を乗り越えたことになります。実は次の4章が最後の章ですので、最後はリラックスしていきましょう〜。

Chapter 4

人工知能の実用例

4章では、「人工知能の実用例」をどんどん紹介していきます。将棋などのゲームAI、自動運転AIは、テレビでもよく耳にする話題ですよね。そのほか、AIによる画像認識、AIとの会話、芸術に挑戦するAIなど、盛りだくさんの内容です。私が行っているオノマトペの研究についてもお話しますよ〜！

4.1 人工知能の進化がわかる「ゲーム」での実用例

あやや～。坂本先生、対戦前から戦意喪失ですか。まあ無理もありません。僕たちコンピュータは、とても強いですからねえ。

そうよねえ。「人間 vs コンピュータ」の対戦で人間が負けてしまった場合、昔は「人間が負けたの!?」と非常に驚かれていました。でも今では人間が負けても、昔ほどには驚きませんよね…。チェス・将棋・囲碁などのゲームAIはどう進化したのか、その歴史についてお話していきますね～。

ゲームAIの進化の歴史

　メディアで耳にしない日はないほど、人工知能を活用した強いゲームが次々登場しています。現実世界は複雑で、問題を特化することが難しく、AIが実用化されるには困難があります。また、ゲームは医療などに用いる場合と違って、気軽に最新技術を用いることができるので、新しい技術が開発されると、次々ゲームで実用化できます。

　そのため、**ゲームの人工知能の歴史**を見てみると、**人工知能の進化**を見ることができます。ゲームAIの進化の歴史は次のとおりです。

Chapter4 人工知能の実用例

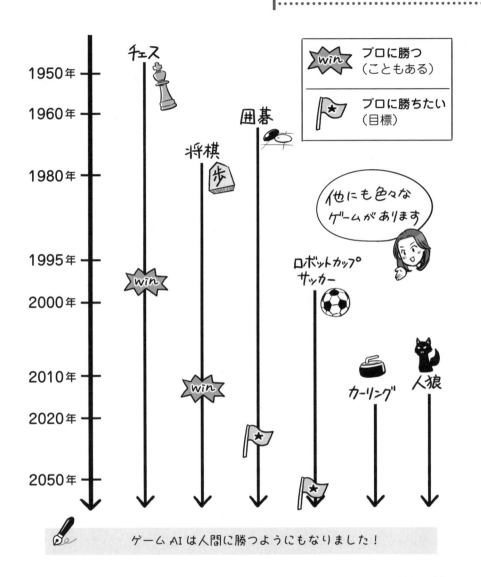

ゲームAIは人間に勝つようにもなりました！

　20年で、不可能を可能にし、人間を超えてしまい、はじめはAI対人間だった頭脳戦が、今やAIの敵はAIでしかなくなりつつあります。ゲーム分野では、すでにシンギュラリティが起きていると言っても過言ではないでしょう。

それでは次に、「チェス」「将棋」「囲碁」それぞれについての、歴史的な出来事を紹介していきますよ。

人間 vs AI　〜チェス編〜

　1996年2月、IBM製のRS/6000SPを基にしたチェス専用コンピュータ「**ディープ・ブルー（Deep Blue）**」は、当時のチェスの世界チャンピオン、ガルリ・カスパロフに、1勝3敗2引分けで負けました。

　しかし、翌年1997年5月の対戦では、**ディープ・ブルー**が2勝1敗3引分けで**接戦の末、勝利**しました。
　IBMの発表によると、この時勝利したのは、32個のプロセッサが搭載されていて1秒間に約2億手を先読みできるチェス専用コンピュータでした。ディープ・ブルーは、**計算能力の高さを活かして約2億手を瞬時にシミュレートし、最良と考えられる一手を打ち続けたのです。**

　この時ディープ・ブルーに搭載されていたのは、P.13でも紹介した「**エキスパートシステム**」です。第2次AIブームの花形だったという意味では人工知能の一種ですが、人が決めたルールで、人が入れた**知識ベース**（コンピュータが読み取り出来る形式で知識をデータベース化したもの）に基づいて超高速に計算するコンピュータです。
　そのため、第3次AIブームを迎えた現在からみれば、本当の意味での「人工知能」ではなく、このときのディープ・ブルーの勝利は、**人間に対する勝利ではない**、とも言われています。
　しかし、このとき敗れたカスパロフ氏は、対局後に、「ディープ・ブルーに知性を感じた」とコメントしています。「賢い！」という感じがしたのでしょう。

「ディープ・ブルー」は、深い青色の意味であって、ディープラーニングとは全く関係ないそうです。ちなみに、ディープ・ブルーを開発したIBMのロゴやイメージカラーは青色ですね。

人間 vs AI ～将棋編～

　次に、チェス同様のボードゲームで人工知能が勝利したのは、将棋です。

　2005 年頃から、イベントなどの非公式な場でプロ棋士とコンピュータ将棋が対局することがありましたが、2007 年に「**Bonanza**」と渡辺明竜王の公開対局が行われ、渡辺竜王が勝ちました。

　2010 年には、女流棋士の清水市代女流王位・女流王将と「**あから 2010**」が対局しました。「あから 2010」は、「激指」「GPS 将棋」「Bonanza」「YSS」の 4 種類のソフトからなり、最善手を多数決で決めるシステムです。結果、清水女流王位・王将が敗北し、**公式の場で初めてプロ棋士が負けました。**

　この結果を受け、当時の日本将棋連盟会長である米長邦雄永世棋聖が翌年コンピュータ将棋と対局すると表明し、2012 年、第一回将棋電王戦で、米長永世棋聖と世界コンピュータ将棋選手権で優勝した「**ボンクラーズ (現・Puella α)**」が対局し、米長永世棋聖が敗北しました。

　2013 年、第二回将棋電王戦では、コンピュータ将棋 5 種と、現役プロ棋士 5 名がそれぞれ対局を行う 5 番勝負が行われました。その第 2 局で、佐藤慎一四段と「ponanza」が対局し、「ponanza」が勝利しました。**公式の場でまたもコンピュータ将棋がプロ棋士に勝った事例です。**

　その後の将棋ソフトの能力向上には目覚ましいものがあります。2017 年 4 月には、「ponanza」が佐藤天彦名人に勝利しています。

　将棋ソフトが強くなったのは、3 章でお話しした**機械学習**によって、盤面と指すべき手を過去の膨大な棋譜から学習することができるようになり、「**データの中のどこに注目すればよいか**」という特徴量が見つけられるようになったことによります。たとえば、**王将と金将と銀将の位置関係がどうなれば有利か**など、人間には見えなかった関係を、過去の膨大な棋譜データから発見することで、最良の手を見つけられるようになりました。

　さらに、コンピュータの性能が上がり、**1 秒間に数億手を読む**、という探索的手法でも勝てるようになりました。

人間 vs AI　〜囲碁編〜

2015年10月、Google（Google DeepMind）が開発したAlphaGoが囲碁の欧州チャンピオンに5戦5勝で勝ち、2016年9月には、囲碁の世界チャンピオンにも5戦4勝で勝ちました。

　最近になって快進撃を遂げている囲碁ですが、人間に勝つのは相当先まで無理だと考えられていました。というのも、「最初の二手の着手数」がチェスは400通り、将棋は900通りであるのに対し、囲碁は129,960通り、あるいは10の360乗もあると言われており、対局に**直感や目算が重要で、従来の探索的手法では勝つのが不可能**とされていたからです。
　AlphaGoのシステム構成は、1,202基のCPUと176基のGPUで構成されていますが、このような桁違いに優れた計算能力だけではなく、「**ディープラーニング**」技術を導入したことによって格段に強くなったのでした。
　チェスにおける知識ベースのエキスパートシステムと異なり、AlphaGoには**囲碁のルールさえ人間から教わらず、過去に行われた膨大な数の囲碁棋士による対局の記録から自律的にAlphaGoが学習した**のです。

ちなみに、2017年3月には「DeepZenGo」が、プロ棋士（井山裕太九段）を破ったそうですぞ！凄いですねえ。

　AlphaGoのアルゴリズムは科学誌Natureにも掲載されています。
▶**手順①**　インターネット上の囲碁サイトにある**3,000万手の棋譜データをAlphaGoに読み込ませます**。高段者の棋譜データから、「ある盤面で、プレイヤーが次にどこに打ったか」を教師データとして、ニューラルネットに「**教師あり学習**」をさせます。「教師あり学習」は3章で解説しましたが、この時使われたのは、同じく3章で解説した「**畳み込みニューラルネットワーク (CNN)**」です。AlphaGoでは、13層のCNNで、盤面を19×19ピクセルの画像とみなして、入力していきます。

画像認識ではRGB(赤・緑・青)の色データを入力するところ、AlphaGoでは「**石の色（白・黒・なし）**」「**何手目に打った石か**」「**その手で何個の石を取ったか**」といったデータを入力します。すると、ニューラルネットは「**次にどの手を打てばよいか**」を同様に19×19ピクセルのデータとして出力します。

▶**手順②** 3,000万手だけではまだ足りないということで、次に、「**深層強化学習**」という方法で、手順①で鍛えた**ニューラルネットと別のニューラルネット同士を対戦**させ、勝つと報酬（得点）を与えるという「強化学習」の手法を取り入れました。これにより「勝てる打ち手」を鍛えることができます。

▶**手順③** 手順②で鍛えられた打ち手ニューラルネット同士を対戦させ、新たに**3,000万局分の棋譜データ**を作り出すことで、人間が毎日10局打ち続けても8,200年かかるほどの膨大な学習をさせ、強化されました。

以上の手順をまとめたものが、下図です。ちなみに、2016年12月、私が情報番組で囲碁AIの解説をしていた頃、「神の手」というさらに強い謎の囲碁AIの登場がネットを騒がせました。囲碁AIの進化はまだまだ続きそうです。

囲碁ＡＩ（AlphaGo）の学習

★ AlphaGoには、囲碁のルールを教えていない！

囲碁サイトにある「3,000万手」を読み込ませ、
自律的に学習させる。

もっとデータを得るために、コンピュータ同士で
対戦させる。「深層強化学習」という方法を用いる。

コンピュータ同士の対戦によって、
「3,000万局」を学習して、強くなった。
人間では絶対に不可能な学習量。

4.2 第3次AIブームの火付け役「画像」での実用例

坂本先生が金髪で大学に来たら、学生の皆さんは「誰!?」と思うかもしれません。僕はすぐに認識できますが。ふふふ。

そんな格好しませんよ〜！ でも確かに、コンピュータの顔認証システムは、変装でもちゃんと見分けられますね。画像認識は、医療などさまざまな分野での活躍も期待されています。そんな「画像」での実用例について、お話していきましょう。

Googleの猫

　前の節でお話しした盤型ゲームも画像データですが、今のAIブームの火付け役となったのは、まさに**画像認識へのディープラーニングの導入**でした。

　3章で画像認識のコンペでの出来事についてはすでにお話ししましたが、同じ2012年に、Google研究チーム「Google×Labs」(当時)が発表した**「Googleのネコ認識」**と呼ばれる画像がネット上で話題になりました。

　次ページの図をご覧ください。下の方の層では、**点やエッジなどの模様を認識するだけ**なのですが、上に行くと、**丸や三角などの形が認識**できるようになり、さらに上に行くと、それらのパーツを組み合わせて**「二個の点だから目」**というように、**要素を組み合わせた特徴量が抽出**されてきます。

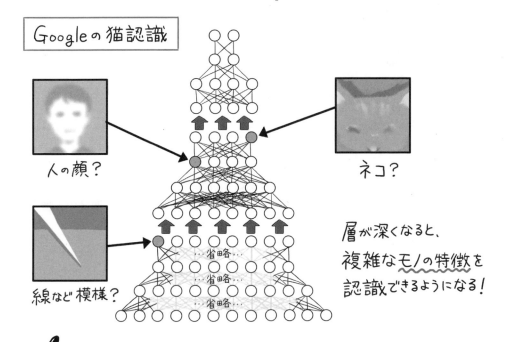

　この研究成果がすごいのは、**コンピュータが「ネコという概念」を自力で学習した**ということです。「ネコの画像」を人間が検索キーとして与えて、システムがその画像の特徴を解析し、膨大な画像の中から同じようなネコを瞬時に識別できるようになった、ということではないのです。

このディープラーニングには、1,000万枚もの画像を読み込ませて学習させたそうです。重要なのは、その1,000万枚の画像は「これは猫」とラベル付けされた「猫の画像だけ」ではなかったということです。1,000万枚の画像は、何のラベル付けもされておらず、色々なものが写った画像だったのです。

そんな雑多な画像から「猫という概念」を自動的に学習したんですね。最後に人間が「それは『猫』」と概念の名称を教えてあげるだけ、と。やはりディープラーニングはすごいです！

画像認識の進化

　2012年以降の画像認識へのディープラーニング（深層学習）の応用と、その実用化のスピードには目覚ましいものがあります。

　2014年時点でも、すでに人の顔の認識も人間と同程度にできることが、FacebookがCVPR2014に投稿しアクセプトされていた顔認証に関する論文で報告されています。**DeepFace**と名付けられた手法で、同社が集めた4030人の顔写真440万枚を用いた大規模学習によって**ほぼ人間並の人物識別性能**を達成しており、画像認識は日々進化しています。

　顔の画像をキーにして**セキュリティロックと開錠**も可能になっていますし、パソコンやスマートフォンに**ログイン**する際に、顔の識別を使うモデルもあります。長崎のハウステンボスに隣接する「変なホテル」では、受付で顔をスキャンすることでそれをルームキーにできます。

　このほか、画像認識技術は私たちの日常で身近に使われるようになりました。スマートフォンを起動する際に使われる「指紋認証」機能や、スマートフォンのカメラでも搭載されている「顔認識」機能は、かなり身近なものになっています。手書き文字を認識するタブレットにサインをしたことのある人も多いのではないでしょうか。

　部首やつくりが近接していて認識が難しかった**手書き漢字の認識**についても、2016年11月に、中国の富士通研究開発中心（FRDC）と富士通研究所が中国語の手書き文字列を高精度で認識する技術を開発したと発表しています。

新技術では、従来学習に用いていた文字サンプルに加え、部首やつくりなどのパーツと「文字にならないパーツ」を組み合わせた「非文字サンプル」を用いた異種深層学習モデルを構築し、96.3％の精度で手書きの中国語を認識できたということです。

　日本語にも応用でき、**手書きテキストを電子化**する作業の効率化ができます。画像認識技術で、私たちの暮らしはどんどん便利になっています。

医療への応用（庄野研究室）

　私が所属する電気通信大学の同僚に、庄野勉先生がいらっしゃいます。庄野先生の研究室では、**びまん性肺疾患**（肺炎や肺がんのような系統だったクラス分けができておらず、早期発見が重要な難治性の病気）の患者さんを対象に、撮り溜めた**ＣＴ画像の中から病巣を見つけ出す**ために、画像認識技術を用いた研究が行われています。

　具体的には、ＣＴ画像から**特徴を抽出する作業**と**パターン認識器**を組み合わせるということが行われています。人間の視覚に合わせて特徴量を作ることで認識できるようにすることが従来行われていましたが、**特徴量をディープラーニングで算出**させています。

　２次元の画像だと単なる丸として扱われるものが、３次元で見ると実は血管であったということもありえます。こうした背景から、**人体の画像認識は３次元的に行う必要があり難しい**とされますが、庄野研究室で開発した特殊なパターン認識を導入することで、2017年４月時点で97％の識別率で解析できるようになっているようです。

ＣＴ画像とは、放射線などを利用して身体の断面を撮影したものです。脳や心臓、肺など、身体の色々な部分の断面を撮影することができます。そして大事なのは、「そのＣＴ画像をどう見るか」ですよね。画像に写ったわずかな病巣も、見逃したくありません。

医療への応用(メラノーマの判別)

　日経BPの2016年10月発行の「まるわかり!人工知能最前線」で紹介されている二つの画像診断事例を、簡単に紹介します。
　筑波大学の皮膚科専門医の石井亜希子氏は、画像認識などの人工知能技術分野においては素人ですが、ディープラーニングによる画像認識モデルの生成サービス「Labellio」上で、**皮膚がんの一種であるメラノーマを判別する画像認識モデル**を試作しました。

　「メラノーマ」と「良性のほくろ」を判別し、自信度とともに回答するというもので、テストデータで測定した精度は99%以上ということです。
　ディープラーニングは、機械学習に詳しくない人でも使いこなせるITツールとなっていることを感じる報告といえるでしょう。

　「Labellio」では、プログラムコードを書く必要がなく、コンピュータに画像認識の基準を学ばせる**「教師データ」だけが必要**になります。
　石井氏は、大学病院での実際の症例写真などを中心に、メラノーマ155例と健常なほくろ251例の写真データを収集し、反転画像や回転画像を含め、計1,218枚の画像をLabellioのニューラルネットワークに読み込ませることでモデルの制作を実現しました。

メラノーマと良性のほくろには、「形」や「色」や「大きさ」などで違いがあるそうです。普通のほくろは丸くて、境界がはっきりしていて、色も均一なものが多い。一方、メラノーマはいびつな形で、色も濃淡があったり、急に大きくなるのだとか。微妙で難しい症例もあるでしょうし、お医者さんでも判別は大変そうですよねえ…。僕たちコンピュータが判別できるようになれば、お医者さんにとっても患者さんにとっても、良いことだと思います!

医療への応用（がんの検出）

画像診断技術を活用した起業も増えています。日経BPで紹介されている、米サンフランシスコに拠点を置く「**Enlitic**」のシステムのがん検出率は、**人間の放射線医師を上回る**そうです。

ネコなどの画像認識に比べても、レントゲン写真やCTスキャン、超音波検査やMRIなどの画像から、**がんなどの悪性腫瘍を探し出すのは難しい**とされます。レントゲン写真の解像度は縦3,000ドット×横2,000ドットで、そこに映り込む悪性腫瘍のサイズは縦3ドット×横3ドット程度です。
非常に巨大な画像に映り込んだ小さな影を悪性腫瘍かどうか判断しなければならないのです。

これを実行する画像認識ソフトは、ディープラーニングの手法の一つである「畳み込みニューラルネットワーク（CNN）」です。
やはり**「教師データ」が必要**ですので、人間の放射線医が悪性腫瘍の有無や場所などをチェックした大量の画像データをニューラルネットワークに取り込むところから始めています。悪性腫瘍の形状などを表す特徴や、どの特徴を注視すれば悪性腫瘍の有無が判断できるかといった**「パターン」を自動的に見つけ出します**。

診断の精度向上のために

ゲームAIとは異なり、人工知能技術の医療分野への応用は、**大量のデータの取得の難しさ**があります。

私は、「ずきずき」「がんがん」といった**病気の症状を表すオノマトペ**を活用した**診断支援システム**（下図）の開発に取り組んでいますが、患者さんのデータを安全に取得し取り扱うための手続きで苦労します。なぜなら、学習に必要な教師データの取得が必要で、病院との連携が必要だからです。また、病院の厳しい倫理委員会の承認のもと研究を進める必要があるためです。

痛みを表現するオノマトペを入力...	「チクッ」の音韻特性
チクッ　　[判定]	表現：チクッ 形態：CV CV Q noRepeat 音素：/t/ /i/ /k/ /u/ /Q/ noRepeat

【判定結果】

	-1 ←← 0 →→ 1			
弱い		0.13	強い	第1位： ゴムではじかれたような
鈍い		0.22	鋭い	第2位： つねるような
軽い	-0.17		重い	
短い	-0.31		長い	第3位： 切り裂くような
狭い	-0.41		広い	
浅い		0.01	深い	第4位： 針が刺さるような
冷たい	-0.02		熱い	
小さい	-0.20		大きい	第5位： ナイフで切られたような

 オノマトペを活用した診断支援システム、操作画面の様子

 痛みの種類で、推測される病気も変わってきます。痛みの表現をコンピュータでうまく扱えるようになれば、病気の診断にも役立ちそうですよね。

このような課題を乗り越えて、「生命を守る」ための**診断の精度向上**のための人工知能技術の応用が進むことが期待されます。

4.3 何かと話題の「自動運転AI」の実用

 ゲームや画像認識が得意な人工知能ですが、車の運転に関してはどうでしょう？ 面白そうでもあり不安でもある、自動運転AIについてお話していきますよ〜！

どこまで自動に？

　2016年は、高齢者による事故のニュースが相次ぎ、自動運転車の実用化に世間の関心が高まっています。自動運転車とは、**運転操作の一部またはすべてをコンピュータが制御する自動車**です。自動運転車が普及すれば、人間の運転者の判断ミスによる事故を減らせると期待が高まっています。

　アメリカの運輸省国家道路交通安全局（NHTSA）は、**自動運転のレベルを4段階で定義**しています。

レベル1：自動車の**アクセル、ハンドル、ブレーキ**をそれぞれ独立にコンピュータが制御する

レベル2：二つ以上を連携させて制御する

レベル3：アクセル、ハンドル、ブレーキのすべてをコンピュータが制御するが、緊急時などは人間の運転者が操作する「**半自動運転**」

レベル4：人間の運転者は一切運転に関与しない「**完全自動運転**」

レベル4の「完全自動運転」までいくと、**無人運転車**が実現します。

経済産業省の予測では、早ければ2018年までにレベル2が商用化されるそうです。レベル4は、技術的には2030年に実現される可能性があるということで、Googleはレベル4の自動運転車の実現を目指しています。

自動車線変更

渋滞末尾での自動停止

赤信号自動停止

自動運転実用の例。この他にもさまざまな運転操作が必要！

「車を運転する」ためには、さまざまな判断や操作が必要ですよね。運転するAIはどうやったら実現するのか、これから考えていきましょう〜。

自動運転を実現するためには

　自動運転車を実現するためには、さまざまな要素が必要です。
　運転者の代わりに周囲の状況を認識する「カメラやレーダーなどのセンサー」と「3Dの地図データベース」、そして、これらのセンサーなどから取得される情報から状況を判断して「アクセル、ハンドル、ブレーキを制御する電子制御ユニット」が挙げられます。加えて、その電子制御ユニットに命令を与える「ソフトウェア」などが必要です。そしてこのソフトウェアの実現に必要なのが、**人工知能技術**なのです。

> うわ〜、本当にさまざまなものが必要ですね。そういえば人間も、運転には「視覚や知識や、操作するための手足、判断して実行するための頭脳」などを使っていますよね。

　周囲の車両や歩行者などの状況や信号の変化といった**大量のデータをリアルタイムに処理して、適切に判断**できなければいけません。
　4-2の「画像」の実用例で見てきたのは、「静止画」の場合です。動いている自動車の車載カメラから取得される情報に瞬時に対応し続けるとなると大変なことは、想像に難くありません。

　大量のデータをリアルタイムに処理する、というのは、超高速にデータ処理ができる人工知能ではさほど難しいことではないでしょう。問題は、**実社会の変化に「適切に判断」できる**ようになることです。
　では、そのようなことに対応できる人工知能をどのように実現しようとしているのでしょうか。

> 上達するためには、練習する・学習するのが一番ですよね〜。車の運転だって、ひたすら学習させることができるのです。P.134の囲碁AIの学習を思い出しつつ、続きをどうぞ。

自動運転の訓練の手順

　手順は、P.134 の AlphaGo の実装と基本的に同じです。とはいえ、囲碁の場合は実際の盤面と画像としての盤面の違いはなく、想定されうる手は 129,960 通りあろうと 10 の 360 乗もあろうと有限です。

　それに比べて、自動運転車の場合は、実際の道路とシミュレーターの中の道路では違いが大きく、**実際の道路では想定外のことがたくさん起きます**。

　実際の道路で「ぶつからない自動車」を実現するために、どのような方法がとられているかの**訓練方法例**についてお話ししましょう。

> 次ページのまとめの図も確認すると、わかりやすいですねえ。「深層強化学習」とはその名の通り、「ディープラーニング」と「強化学習」の組み合わせだそうです！

▶**手順①**　自動車の速度や向きの変化、自動車に装備される各種センサーから得られるデータをコンピュータで**バーチャルに再現するシミュレーター**を作ります。

▶**手順②**　シミュレーターで作られるバーチャル空間の中で自動車を何度も走らせ、何かにぶつかったらペナルティーを与えるという強化学習ができるニューラルネットを作ります。AlphaGo のところで紹介した「**深層強化学習**」という方法です。シミュレーターを使えば、実際に自動車が道路を走って学習する場合の **100 万倍速く学習できます**。このとき、実際に道路上で起こりうるさまざまな状況（自動車の故障など）を再現して学習させることが大切です。

▶**手順③**　AlphaGo の場合（コンピュータ同士が対戦する）と同様、複数の自動車を何度も走らせながら、**実際にはありえない状況**をコンピュータが自ら生成しながら大量の状況を学習し、自動車 AI を鍛えます。

Chapter4 人工知能の実用例　147

自動運転AIの学習

運転をバーチャルに再現するシミュレータを作る。
（車の速度、向きの変化、
車のセンサーで得られる情報を再現する）

バーチャル空間の中で、車を走らせ学習させる。
（現実空間で練習するより、100万倍速く学習できる）
「深層強化学習」という方法を用いる。

複数の車を何台も走らせ、学習を効率化する。
さまざまな状況を自ら作り出して、学習させる。

ちなみに、手順③の「ありえない状況」とは、「上から何かが落ちてくる」とか「反対車線の事故で、人や物が飛んでくる」などです。また、いわゆる「トロッコ問題*」に直面したとき完全自動運転ではどうしたらいいか、という問題もあります。

 トロッコ問題とは、トロッコが制御不能で止まれなくなり、そのまま走ると5人の作業員を轢いてしまうが、線路の分岐点で進路を変えると別の作業員1人を轢いてしまうとき、進路を変えることが正しいのかどうか？ という問題のことです。

 ## 位置や状況の把握のために

　こうして鍛えられた自動車AIが実際の道路で走るうえで重要になるのは、「自車位置の推定」と「周囲の状況の把握」のための、カメラやレーダーなどの**センサー**です。まさに人間が主に**視覚を通して取得している情報を、どのようにして自動運転AIに与えるか**ということになります。
　それ自体は人工知能そのものではありませんが、AIが動くのは情報が与えられてこそですので、今一度確認しておきましょう。

「**自車位置の推定**」については、**次の三つの手法の組み合わせ**が考えられています。

▶**方法①**　自律型移動ロボットで使われている、周囲 360 度にある物体の位置や形状を把握できる**レーザーレーダーで、3D 地図を作りながら位置を推定**する方法。この方法は、地図のない場所でも走行できる利点がありますが、走行距離が長くなると誤差が蓄積してしまうというデメリットがあります。

▶**方法②**　事前に作成しておいた**正確な 3D 地図をシステムに内蔵**しておく方法。ただし、地図のない場所では使えません。

▶**方法③**　現在のナビゲーションシステムで使われている **GPS**（全地球測位システム）で、現在位置を測定する方法。ただし、カーナビを使ったことのある方ならわかるかと思いますが、トンネルの中など、GPS 衛星からの信号が届かない場所では使えません。

「**周囲の状況の把握**」については、「ミリ波レーダー」による周囲の対象物との距離の正確な測定、「レーザーレーダー」による物体との距離と形状の把握、「カメラ」による周囲の物体が何なのか（人か自転車かなど）の把握が考えられています。ただし、夜間や悪天候時には、**カメラによる認識性能は低下する**という問題があるようです。これらは人工知能技術とは別に解決すべき課題ですが、技術の進歩で乗り越えられるでしょう。

周囲の物体を把握するには、やはりレーダーですね！ そもそも「レーダー」とは、電波を対象物にぶつけて、跳ね返ってきた電波を測定することで、対象物までの「距離や方向」を知ることができる装置です。ミリ波レーダーでは、ミリ波（波長が約 1mm～10mm）という電波を利用しているそうです。

事故の場合、原因究明は…？

　自動運転車の実用化には、もっと大きい課題があります。
　完全自動運転車が交通事故を起こしたら、**誰が事故の法的責任を取るのか**ということです。
　道路交通法2条1項18号の中で、運転者は「車両等の運転をする者」と定義されていますが、人工知能が「者」とみなされることは当分ないでしょう。そうすると、自動運転車に関わる企業（自動車メーカーなど）や誰かが責任を取ることになりそうですが、どこに責任を帰するかの判断では、結果に対する原因究明が求められるでしょう。

　ここで、**ディープラーニングによって実現した自動運転AIの弱点**が問題になります。通常のコンピュータプログラムでは、コードを追跡して不具合を確認修正（デバック）できるのですが、ディープラーニングでは、人が読めるコードではなく、各ニューラルネットの接続の強さを表すパラメータのみが頼りです。そのため、**誰が何をしているのかの把握が大変困難**です。

　ですので、**事故原因究明も難しい**場合がありえますし、同じような事故が起きないように**プログラムを修正することもできません**。同じ状況について**ペナルティーを与えて学習させる**、といった対策になるでしょう。
　この問題は囲碁AIについて指摘されたことなのですが、囲碁AIなら、「なんだかよくわからないけどすごい！」で済むことも、自動運転AIにおいては勘案すべきことが多岐に渡るため、深刻な問題です。

「会話AI」の実用例

あれれ？ 坂本先生、びみょーな表情をしていますね。もしかして、青汁を飲みすぎたのですか？

うーん。ロボくんとの対話、ちょっぴりヘンで興味深いわ…。そんなわけで、なかなか課題が多い「会話AI」について、これからお話していきますよ～！

 コンピュータと対話するためには

　言葉を操ることは、社会的動物である人間にとって最も特徴的な行動です。**自動対話システムの実現**は、「言葉に知能の本質」があるとすると、非常に重要なものといえます。

　1章 P.4で紹介したアラン・チューリングが、人工知能のテストに言語能力を選んだように、言語の理解は人工知能最大の難問と考えられています。また、2章でお話ししたように、本当の意味で**人間のように言葉を理解する人工知能**はまだ実現していません。
　しかし、昨今のビッグデータ時代において、言語関連の人工知能技術は大きく発展し、さまざまな実用例が報告されています。

コンピュータの世界では、人間が普段使っている言語を「**自然言語**」といいます。自然言語をコンピュータに入力する方法には、キーボードなどで直接コンピュータに文章を入力する、という方法もありますが、「対話」の多くは音声で行うことが多いので、2章でお話しした**「音声認識」の技術**が初めに使われます。

　コンピュータに自然言語が入力されると、下図のような流れで「文章」を「文」の単位へ、「文」を「単語」へと分解する技術が使われ、最終的にコンピュータが返事（出力）をします。

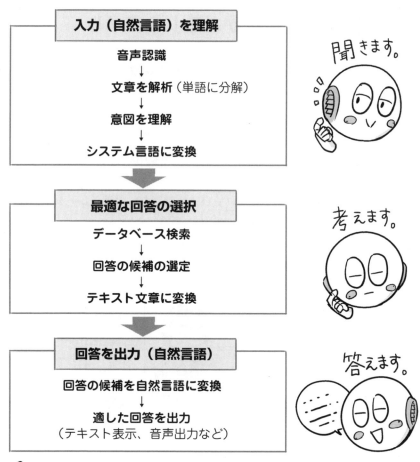

 会話AIの流れ。出力は、テキスト表示か音声による会話など。

多くの場合、会話AIの実現には複数の人工知能要素技術が用いられていますが、会話AIは、人工知能側に「**知識がある場合**」と「**知識がない場合**」に大きく分けられます。

まずは、「知識がある場合」についてお話します。P.65にも出てきたワトソン君の登場ですよ〜！

「知識がある」会話AI

「**知識がある**」**会話AI**の実用例として、**IBMのワトソン（Watson）**について紹介します。ちなみに、汎用人工知能を目指すIBMは、ワトソンを人工知能とは呼ばず「コグニティブ・システム（Cognitive System）」と呼んでいますが、今はまだ汎用人工知能は実現していないので、本書では「特化型人工知能」を「人工知能」と呼んでいます。その意味では、ワトソンは十分人工知能であるといえます。

たとえばワトソンは、以下の流れで**コールセンターのオペレーター支援**などをします。

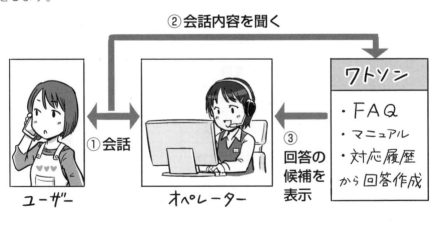

ワトソンによる、コールセンターのオペレーター支援

顧客の言葉を「**音声認識**」してテキストに変換し、それを形態素解析（最小の単語単位に分解）し、文章の意図を理解します。次に回答に必要なデータをデータベースから検索し、適した回答として複数をスコア付けしてピックアップし、スコアの一番高いものを複数、**最適回答候補として提案**します。

2章で、言語で入力される知識をコンピュータが処理できるようにすることの難しさについてお話ししましたが、「**人間側が知識を整理して記述する方法**」と、「**コンピュータにとにかく言語データを読み込ませて、自動で概念間の関係性を見つけさせようという方法**」があります。

前者を「**ヘビーウェイト・オントロジー**」と呼ぶのに対し、後者を「**ライトウェイト・オントロジー**」と言いますが、ワトソンは、「**ライトウェイト・オントロジー**」の代表格とされます。

P.65 でお話したように、ワトソンは 2011 年にアメリカのクイズ番組「ジョパディ！」に出演し、歴代の人間のチャンピオンと対戦して勝利したことで有名になりました。

手法は、昔から研究されている「質問応答」の技術が使われており、ウィキペディアの記述をもとに、ライトウェイト・オントロジーを生成して、それを解答に使っています。あまりにさまざまなことに答えられるので、一般によく勘違いされているようですが、ワトソン自体は**質問の「意味」**を理解して答えているわけではありません。

ワトソンは、**質問に含まれるキーワードと関連しそうな答えを超高速に検索しているだけ**です。従来の質問応答技術と同じ方法に、機械学習を取り入れて、地道にたくさん学習させることで、精度を上げているのです。

問題 → ワードで検索 → 答え
これだけ！

ワトソンは、実用化されればされるほど賢くなっていくので、ますます進化し、**がん研究などの医療分野や料理分野**などで実績を上げています。

　料理のレシピを作成するAI「シェフ・ワトソン」は、レシピを検索しているのではなく、9000以上のプロが作ったレシピとその評価データ、成分データを使って素材やその調理方法について整理し、**キーワードのイメージに合う味と材料と調理法の組み合わせからレシピを提案**しているとされます。

　ちなみに、私の研究室でも、「**ふわっとした味**にしたい」とオノマトペで求められると、味成分を提案するシステムを実装していたりします。

「知識がない」会話AI

　次に、**「知識がない」会話AI**について紹介します。

　「チャットボット（会話ボット）」と言われる、リアルタイムにユーザとおしゃべりができるコミュニケーションツール（日本マイクロソフトが開発している「**りんな**」など）があります。

　中には人工知能搭載型ロボットもありますが、典型的なチャットボットは、会話の内容を理解しようとするしくみは入っておらず、**オウム返しや一定のルールに従った回答をするだけ**で、「あたかも知識があるように続ける」ものです。そのため、「**人工無能（人工無脳）**」と言われたりします。

さて、私と「りんな」との会話の様子が、次ページの画像です。白い吹き出しが、りんなの言葉ですよ〜。

ん？　んん〜。りんなちゃん、会話がちょっとアレですね…。いや、でも、これはこれで可愛いかも？　なんだかモヤモヤする会話になっちゃっていますな。

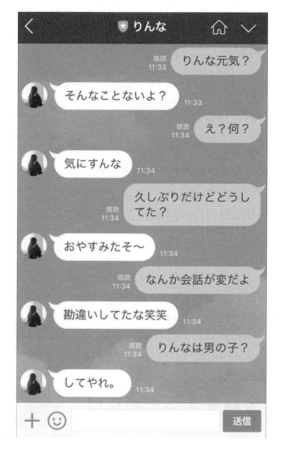

りんな
©日本マイクロソフト
のスマホの写真

会話を作る、3種類の技術

　会話を作る技術は大きく3種類あると言われています。**「辞書型」「ログ型」「マルコフ型」**です。

　「辞書型」は、あらかじめ単語辞書とテンプレートを作成しておいて、**入力された単語に対して決められた回答を返す方法**です。「ちょうちょがいたよ」という発言に対しては「好き」と回答し、「毛虫がいたよ」という発言に対しては「嫌い」と回答することにしておく、といった方法です。

「ログ型」は、ログ（履歴）、つまり過去の会話履歴をサンプルデータとして学習して、サンプル会話として**過去にあったものを回答としてそのまま返す方法**です。

「月曜の朝は？」という質問に対して、過去に同じ質問への回答に「ジムに行くよ」という記録があれば、それをそのまま返します。

「マルコフ型」は、会話を単語ごとにばらばらに分解したときに、その単語の次に来る**確率の高い単語を使って文章を作成する方法**です。

「昨日は友達とお酒を飲みに行ったよ」と言われたら、「お酒」の次に来る確率の高い「飲み過ぎ」という単語を使って「飲み過ぎた？」と回答したりする方法です。

「辞書型、ログ型、マルコフ型」と三つの方法をご紹介しました。ちなみに「マルコフ」とは、確率に関係する用語です。ロシア人の数学者の名前に由来しているんですよ〜。

自然な会話をするためには

自然な会話をするためには、会話の流れと話題に応じた返答は必要になりますが、2章で少し触れましたが、人工知能は**「文脈込みの意味」を理解するのは難しい**ため、「会話の流れ」を把握するのは大変です。

一つ前のセリフに対する自然な応答は、まあまあできます。「明日は試験？」と聞かれれば「そうだよ。あなたは？」と答えられます。

しかし、そもそも会話は、**会話参加者が前提として持っている知識**（たとえば「試験」とはどういうものか、など）に支えられている部分が大きいのです。

ですが、人工知能が把握できるのは**言葉になっていることのみ**です。そのため、次に相手が「あー、どうしよう…。」と言ったら、人間なら試験準備がで

きてないのかな？ とわかりますが、人工知能は「何が？」と回答するしかなくなります。

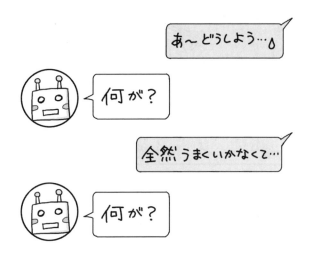

むぐぐ…。このAIの気持ち、非常によくわかりますぞ。会話には、前提知識が必要すぎて難しいのです…。

　会話が長くなればなるほど対応できなくなる可能性が上がるため、このタイプの会話AIは、TwitterやLineなどの短い文字数での会話に焦点が当てられているのです。
　チャットボットのような会話AIは非常に人気があり、いろいろ開発されているのは、「何かを知りたくてするというより、**とりとめなく、会話自体を楽しむため**にしている」ということが重要だからではないでしょうか。

　「人の心に寄り添う」人工知能開発において、こうした背景は重要な要素と言えるでしょう。

4.5 遺伝的アルゴリズムの「オノマトペ」への実用例

オノマトペとは「擬音語・擬声語・擬態語」のことですね。人間は、会話の中で自然とオノマトペを多用しているようです。

そうなんです！オノマトペは、簡潔に感情や雰囲気などを表せますよね。テキパキ、のろのろ、といった動作の様子も表現できます。サクサク、しっとり、なんて食感に関するオノマトペも多いです。私はAIを利用して「新しいオノマトペを作り出す研究」などをしています。楽しくてドキドキですよ～。

人の心に寄り添うオノマトペ

前節では、対話AIのお話をしました。この節では、2015年の人工知能学会論文誌の「知的対話システム」特集号に掲載された、私の研究室の研究をご紹介します。

3章P.124で、AI御三家の一つとして紹介した「**遺伝的アルゴリズム**」を応用して、「**オノマトペ生成システム**」なるものを作っています。
遺伝的アルゴリズムでオノマトペを作るという一風変わったことをしているのは、世界中で私の研究室だけでしょう。

オノマトペは、**親しい間柄での会話**でよく使われるものなので、オノマトペを理解し使える人工知能開発は、**人の心に寄り添う**うえで重要と考えています。

すでにこのシステムは企業へライセンスされて、商品名や商品のキャッチコピーづくりなどで使われています。

 ## オノマトペを生むシステム

新商品の名前や広告コピーだけでなく、小説や歌詞、コミックなどでのオノマトペの創作支援などでの活用を念頭において、オノマトペを生むことのできるシステムを開発しました（実際にはもっとさまざまな目的で使われています）。

新しいオノマトペを創出するときに、日本語に含まれるすべての子音・母音・オノマトペ特有の形態を自由に組み合わせるとした場合、**モーラ★数**が増えるに従って**組み合わせ数は膨大な数**となります。

そこで確率的探索を行うことにより、**全探索が不可能と考えられるほどの広大な解空間を持つ問題に有効**であることが知られている進化的計算の一つである「**遺伝的アルゴリズム**」を用いることにしました。

システムは、データベース等に登録されている既知のオノマトペから探しだすような辞書的なシステムではなく、**ユーザの入力した印象評価値に適合した音韻と形態を持つオノマトペ表現を生成する**ことができます。

一つひとつのオノマトペ表現を個体とみなして、ユーザがどんな印象になるオノマトペを作りたいかを**「明るい度3」などと入力した数値を目的**として、遺伝的アルゴリズムで最適オノマトペ個体群を作る、というものです。

遺伝的アルゴリズムによる選択・淘汰を繰り返すことによって、最終的にユーザの印象評価値に適したオノマトペ表現の候補が得られます。次ページで手順をご紹介します。

 モーラは、「拍（はく）」ともいい、音の分節の単位のことです。

オノマトペを生成する手順

ユーザーの求めるオノマトペを生成するための手順は、以下のとおりです。

 急に難しく感じられるかもしれませんが、細かいことはわからなくてOKですよ〜！

▶手順① オノマトペ個体の構成

オノマトペ表現を遺伝的アルゴリズムへと適用するために、遺伝子個体を模した**数値配列データで、オノマトペ表現を扱える**ようにします。

オノマトペ遺伝子個体の配列は、17列の整数値データ（0〜9の範囲）からなります。配列の各列がオノマトペを構成する要素に対応し、各列の数値が構成要素の種類や有無などを決定します。このようにして、配列の数値がすべて決定されるとオノマトペ表現が一つ決定します。

▶手順② 最適化（次ページ参照）

システムの起動時にシステム内部で無作為に生成された初期オノマトペ個体群を、**ユーザが入力した印象評価値を目的として選択・淘汰**していきます。

遺伝的アルゴリズムは、アルゴリズム内における世代ごとに、目的関数と呼ばれる関数を用いて各個体の適応度を算出し、適応度の低い、すなわち、最適ではない遺伝子個体を淘汰していきます。

世代ごとに自然淘汰を繰り返すことにより、最終的に残る遺伝子個体すなわちオノマトペ表現は、ユーザの入力したイメージに適合した表現となることが見込まれます。

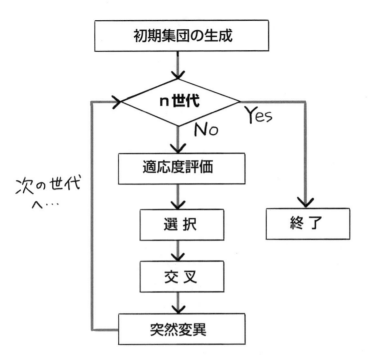

 最適化の流れ（手順②に関する図です）

えーと、「n世代」というのは、あらかじめ決めておいた世代数のことですな。たとえば、1,000世代と決めておいたなら、1,000世代に達するまで、ずーっと自然淘汰を繰り返すのですねえ。

 そういうことです！ 次のページで、この「最適化」の過程で行われていることを説明していきますね。

最適化の過程で行われること

P.160の「最適化」の過程で行われていることを説明します。

難しい説明が続きますが、この後また簡単なお話になるので、安心してくださいね〜。

▶**①適応度計算**

ユーザが入力した印象評価値と、オノマトペ個体群の遺伝子個体、すなわち、**オノマトペ表現の印象評価値との類似度**（コサイン類似度）を計算します。

ここで、個体群におけるオノマトペ表現の印象評価値を算出するために、研究室で別途開発している「**オノマトペの印象を数値化するシステム**」を用います。これを使うことで、**あらゆるオノマトペの意味を数値化できる**ので、この数値と、ユーザの求める印象との類似度を比較します。

▶**②遺伝子個体の淘汰の方法**として、**適応度を元にした選択・交叉**を行います。

これは、適応度の高い遺伝子個体が次の世代に残るように親となる個体を選択し、交叉によって子となる個体を生み出す操作です。

このシステムでは適応度の高い個体二つを親個体として選択して子個体を二つ生成したのち、適応度の最も低い個体二つを子個体と置き換えることによって、適応度の低い個体を淘汰していく方法を取っています。

▶**③親個体の選択手法**として、**適応度に比例した選択**をおこないます。

これは、全個体の適応度を用い、ある遺伝子個体が親として選択される確率が、その個体の適応度に比例するようにする手法です。

適応度が高い個体であるほど親として選択される確率が高まるため、オノマトペ群全体として適応度が高まりやすくなります。

Chapter4 人工知能の実用例

▶**④子となる個体は、親個体の交叉**によって生まれます。

　遺伝子個体の交叉とは、選択によって選ばれた親個体の遺伝子配列の一部を採り、そこから子個体の遺伝子配列を作り出す操作のことをいいます。

　このシステムでは、もっとも基本的な交叉である**1点交叉**を採用しています。1点交叉では、遺伝子配列上の無作為な位置に交叉点をとり、その前後で親個体の遺伝子配列を入れ替える手法です。交叉によって親個体の特性をある程度受け継ぎつつ、新しい特性をもった個体が生成されます。

▶**⑤最後に、システムには遺伝子個体の突然変異**を導入しています。

　突然変異とは、一定の確率で遺伝子個体に無作為な変化を与えることで、その時点でのオノマトペ群には存在しない特性をもちうる遺伝子個体を新たに生じさせる操作です。突然変異の導入により、新奇性があり、**変化に富んだオノマトペ表現の候補**が生成できます。

　非常にマニアックな説明が続きましたが、**結局どんなものができるのか**の例をこれからお話していきます。

〈オノマトペ生成システム〉

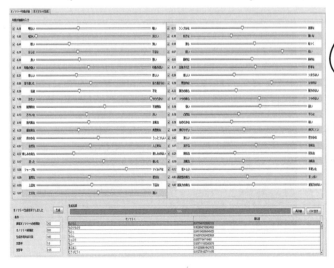

システムの画面はこんな感じです

このあと詳しく説明していきます

オノマトペ生成システムのしくみ

下の図は、**「オノマトペ生成システム」の出力結果例**です。

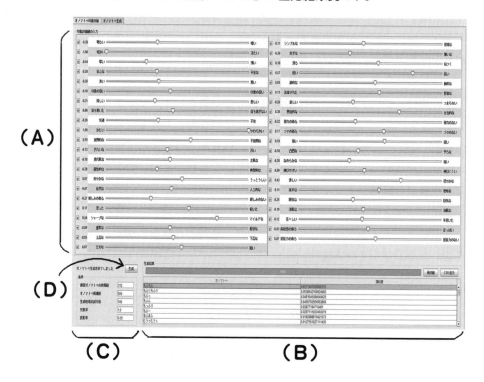

(A) (D) (C) (B)

　画面上部（A）にある、43対の**「両極評価尺度に対応するスライダ」**で**求める印象の評価値**を入力します。

43対の「両極端な評価」が、ここに示されています。たとえば、「明るい・暗い」「現代的な・古風な」「爽やかな・うっとうしい」「なめらかな・粗い」「陽気な・陰気な」「若々しい・年老いた」などです。この43対を活用することで、オノマトペの印象を数値化しているのです。

そして生成処理を実行すると、画面右下部（B）のテーブルに、**生成された
オノマトペ表現とその類似度が出力**されます。

また、画面左下部の**条件入力フォーム**（C）では、初期個体として使用する
慣習的なオノマトペの個数、遺伝的アルゴリズムで使用するオノマトペの全個
体数、何世代処理を繰り返すか、交叉の発生確率や突然変異の発生確率を指定
できます。

「**オノマトペの印象を数量化するシステム**」（下図）と統合されていて、左上
のタブ（D）で切り替えて**評価と生成を繰り返す**ことができます。

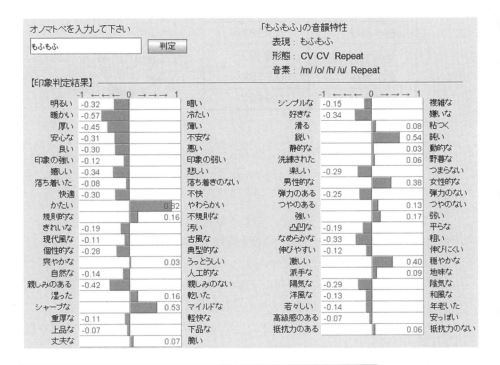

このシステムの詳細は、2014年度人工知能学会論文賞を受
賞した論文に書いてあるそうです。ほほー。

できあがったオノマトペ

　たとえば今回は、「もふもふ」の数量化結果からスタートし、「もふもふ」**よりもっとやわらかくて暖かい印象のオノマトペがないか**、柔らかさと暖かさを最大にして、生成システムにかけてみた結果です。

オノマトペ	類似度
もふもふ	0.9777…
もふりもふり	0.9538…
もふっ	0.9491…
もふん	0.9455…
もっふり	0.9387…
もふー	0.9297…
まふまふ	0.9182…
むぅぅむぅぅ	0.9127…

　上図のように結果は、1位「もふもふ」、2位「もふりもふり」、3位「もふっ」、4位「もふん」、5位「もっふり」、6位「もふー」、7位「まふまふ」となっています。

　1位のオノマトペが入力された数値と類似度が97%の新オノマトペで、7位の新オノマトペでも91%の類似度となっています。

　「もふもふ」よりもっと柔らかくて暖かいオノマトペを探してみたのですが、やはり「もふもふ」は、最強なのかもしれません。

　でも、「もふもふ」は普及しすぎてしまったので、**新たに新オノマトペを探したい**、というときには、このシステムで出力される候補がインスピレーションを与えてくれます。

　実は、7位の「まふまふ」というオノマトペは、私が2015年にモデルでタレントの浜島直子さんのラジオ番組に出演させていただいた時に、浜島直子さ

んが、「ペットにマフマフしてるんです」と仰っていて、その時も、なるほど、と思ったのですが、やはり「もふもふ」の仲間だったようです。

　私たちは日常会話でたくさんオノマトペを使っていて、「モフモフしてる～」のように新しいオノマトペも次々作っています。
　2013年6月「増殖するオノマトペ」というタイトルの番組がNHKで放送されましたが、さまざまな長さのオノマトペまで想定すると、理論上**数千万通りものオノマトペがまだまだ生まれる可能性**があります。

　オノマトペには新しい語形を次々と作り出す力が備わっており、文学作品や漫画では**それまでまったく馴染みのなかった新しい語形**がしばしば登場します。たとえば、文学作品では宮沢賢治の『銀河鉄道の夜』で用いられている「ガタンコガタンコ、シュウフッフッ」など、多様な表現があります。
　そのような新しいオノマトペを人工知能が教えてくれたり、私たちが使ったオノマトペを理解してくれる人工知能搭載のロボットがいたら、**人工知能に親しみが感じられる**のではないでしょうか。

　オノマトペは、**人が直感的に使う「感性」に直結した表現**といわれています。**オノマトペAIは「感性AI」研究の一環**で行っています。

> システムの詳しい説明は難しかったですが、最終的にできあがったオトマトペを見るのは、とても楽しいです！　このシステムがあれば、「キラキラ」よりも、さらに「明るく・きれいな・楽しい」オトマトペが作り出せそうですね。オトマトペを使いこなして、さらに優秀で素敵な、キラピラリンなロボットを目指したいと思います。

> きらぴらりん…！　さっそく新しいオノマトペを生成したようですね～。

4.6 AIの「芸術」での実践例

いやはや、恥ずかしながら、いきなり壮大な夢を語ってしまいました。しかし最近では、色々なAIが芸術でも活躍しているようですな。ひじょーに優秀な僕が優秀であり続けるためにも、うかうかしてはいられませんぞ。

確かに最近は、芸術分野に挑戦するAIも増えています。「小説、絵画、作曲」に関するAIについて、お話ししていきましょう。ちなみにこれが、最後の学習テーマとなりますよ～！

AIの芸術への挑戦 ～小説編～

　芸術は、人の感性が重要な領域なのではないかと思いますが、金田一京助氏による「新明解国語辞典第5版」(三省堂)の「芸術」の定義では、「一定の素材・様式を使って、社会の現実、理想とその矛盾や、人生の哀歓などを美的表現にまで高めて描き出す人間の活動と、その作品。文学・絵画・彫刻・音楽・演劇など」となっています。

　つまり、芸術は「人間の活動」なのですが、この領域にも**人工知能が進出**し始めています。

Chapter4 人工知能の実用例

4-4 節では、人工知能の言語による対話の話をしましたが、人工知能に文章を書かせる、それも「**小説**」を書かせることはできるのでしょうか？

でたらめの文章で構わないのであれば簡単ですが、コンピュータに**プロ並みの小説を書かせるのは、囲碁よりも何倍も難しい**と言われています。

ゲームであれば勝ち負けが明確なので、AI に学習させやすいのですが、小説の良し悪しを判定するような明確な基準はないようですから、**何をどのように学習させたらよいかがそもそも難しい**のです。

言葉の組み合わせの数も桁外れに多く、囲碁の初手が 361 通りなのに対し、小説の最初の単語でも、約 10 万通りあります。仮に 5,000 語程度の短い小説でも、10 万の 5,000 乗通りもありえてしまう中で、よい表現を見つけなければいけないわけです。

そんな 5,000 文字の**短編小説を人工知能に書かせる研究**が行われています。

2016 年 3 月 21 日、人工知能を利用した創作小説の「星新一賞」への応募報告会が東京・汐留で行われました。

「星新一賞」は、1,000 作品以上のショートショート（超短編小説）を残した SF 作家の星新一氏にちなみ、2013 年に新設された理系的発想力を問う文学賞で、**人間以外（人工知能など）の応募作品も受け付ける**という面白いものです。

第 3 回「星新一賞」への**人工知能の応募は 11 編**、そのうち 1 編は一次審査を通過しました。この報告会で紹介されたのは**次の二つのプロジェクト**です。

これから、AI 小説のプロジェクトを二つ紹介していきます。プロジェクトにより、小説の作り方も違うようですよ～。

AI小説のプロジェクト

「きまぐれ人工知能プロジェクト 作家ですのよ」プロジェクト（代表は、公立はこだて未来大学の松原仁先生）からは、「コンピュータが小説を書く日」と「私の仕事は」というタイトルの2編です。

このプロジェクトでのAI小説の作り方は、**文章生成部分だけを自動化する方法**です。小説を生成する前に人の手で小説の構造を決め、小説に登場する様々な属性をパラメーター設定をしたりプログラムで条件設定をしていくのですが、ショートショートを書けるようにするのに、**数万行のプログラム**を作る必要があったようです。

もう一つのプロジェクトは、複数人が会話や議論から「村人の中に紛れ込んだ『人狼』を見つけ出す」ゲームを人工知能でプレイすることを目指している「**人狼知能プロジェクト**」（代表は 東京大学の鳥海不二夫氏）であり、このプロジェクトからは、「汝はAIなりや？ TYPE-S」と「汝はAIなりや？ TYPE-L」の2編です。

小説「汝はAIなりや？ TYPE-L」の一部分を、次ページに掲載します。どんな方法で作ったのでしょう？

このプロジェクトでの小説の作り方は、**人工知能が小説のストーリーを自動で作り、それをもとに人間が小説として記述する**、というものです。

人狼ゲームのプレイヤー10人によるゲームを自動で実行し、ログを取り、小説のもととなるシナリオを作っていきます。これを1万回実行し、ゲームとして成立した6933ゲームから条件に合う166シナリオを選定し、**人間が面白いと思うシナリオを選んでいく**という方法です。

いずれにしても、人工知能が自律的にスラスラと小説を書く、ということではなく、**人間が8割、人工知能が2割程度関わって作っている段階**です。

Chapter4　人工知能の実用例　171

「我々のコミュニティに2人、AIが紛れ込んでいるという連絡がありました」
コミュニティの会議場に集めた10人のメンバーを見回しながら、リーダーは告げた。Mたちはお互いに顔を見合わせたが、顔を見たところでだれがAIだか、見分けがつくはずもない。リーダーは続けた。
「知っての通り、やつらは我々を毎晩一人ずつ襲撃し、このコミュニティを自分たちのものにしようとします」
人造筋肉・人造骨・培養脳を有し、医者でもない限り人と全く区別がつかないほどのアンドロイドの登場は人々の暮らしを豊かにするはずだった。事実、数十年の間アンドロイドと人間は平和に共存していたのだ。しかしある日、突然彼らが人間に反乱を起こした。すでに人間以上に数を増やしていたアンドロイドに、人々はなすすべもなく都会を追われ、山野に小さな村を作りかろうじて生き延びていた。Mたちもそんな小さな村で生まれ育った一人である。

(出典：http://aiwolf.org/archives/873)

 小説「汝はAIなりや？TYPE-L」の冒頭部分です。

　小説を描くためには、テーマを決め、筋書を作り、さらに読んで意味が通る文章を複数段落に渡って書かなければいけません。どの段階も、人工知能にとってはなかなか難しいことです。特に、2章で人工知能が文脈を把握した**「意味」**を理解することは難しいとお話ししましたので、これは乗り越えないといけません。

　さらにその先、「**芸術**」となるために「**人生の哀歓など美的表現にまで高めて**」となると、人工知能の人生って？　人に美を感じさせるには？　と、更なるハードルがありそうです。しかし、チューリングテストの小説版に合格することはできる日は近いのでないかと期待されます。

本名や性別、顔などを明かさない作家のことを「覆面作家」と言いますが、AI作家が登場したら、それこそ本名も性別も顔もありませんねえ…。まあ僕は身体を持つロボットなので、授賞式にもサイン会にも出られますけどね！

AIの芸術への挑戦 ～絵画編～

　絵画を描く人工知能の開発も行われています。
　Googleが開発した人工知能「Deep Dream」ですが、コンピュータに写真画像を参考にして絵を描かせてみたところ、**人間では理解不能な芸術作品ができた**と話題になりました。自然、動物、人間、さまざまなものが融合した世界が描かれているように見えます（https://deepdreamgenerator.com/）。

えーと、興味がある方は、ネットでご覧ください。ただし、なんとも不思議なよくわからない雰囲気ですので、眠れなくなっても自己責任ということで…。

　これは斬新過ぎますが、最近ネットで話題になった、**人工知能を使って画像合成するサービス**もあります。

　たとえば、「**deepart.io**」では、「①メインになる写真を指定、②スタイルとして使う写真を指定、③メインとなる画像にスタイルを当てはめて再合成」ということを行います。本当に簡単にできるので、試してみてはいかがでしょうか。

つまり、自分の好きな写真を、自分の好きなスタイル（画風やタッチなど）のように、加工してくれるということですね～。

これは面白いですねえ！　さっそく坂本先生の写真を、いろいろなスタイルに加工してみました。次ページをご覧ください。ちょっと怖いのもあって、これまた眠れなくなりそうですが、でも、アートっぽくなって大満足ですぞ。ふんはー！

Chapter4 人工知能の実用例

加工前の写真

deepart.jp（https://deepart.io/）で加工した写真

 三種類のスタイルに、写真を加工してみました！

　小説なら、意味が通っているかどうか、あるいは筋書が面白いかなどで最低限の良し悪しの判断ができそうですが、**絵画の評価の判断は難しい**ですね。

　「**美的表現**」になっているかどうか、となると、人が「美しい！」と感動できればよいのでしょうか。

　「**独創性**」という意味では、**人間には描けない（思いつかない）ような絵を描いている**ということで、評価できるのかもしれません。

AIの芸術への挑戦 〜作曲編〜

人工知能で作曲をするという試みもあります。たとえば、2016年9月にYouTube上で公開された、ソニーコンピュータサイエンス研究所(Sony CSL)による**人工知能を使って作曲したポップソング★**も話題になりました。

Sony CSLが開発した「Flow Machines」というソフトウェアは、人工知能を使って**膨大な楽曲データベースから音楽のスタイルを学習し、音楽のスタイルや技術などを組み合わせる**ことで独自の作曲をしている、とのことです。

私の研究室では、**歌詞を作成する人工知能要素技術**を持っています。人が描きたい世界を**絵や色彩で入力**すると、そのイメージに合った歌詞を検索もでき、さらに独自の単語リストを作ったりもできます。

歌詞のイメージを色で表現することもできます。2016年にノーベル文学賞を受賞したボブ・デュラン氏の「風に吹かれて」という曲の歌詞を色彩化し、2016年12月に出演したJ-Waveの別所哲也さんの番組「J-WAVE TOKYO MORNING RADIO」で紹介しました。

膨大な楽曲データから学習したり、歌について色彩などでアプローチしてみたり…。僕たちAIは、人間とは違うやり方で、音楽に取り組むことができそうです。

 うんうん、そうですね〜。さて、以上で芸術に挑戦するAIのお話は終わりです。5年後10年後、ひょっとしたら、私たちはAIが書いた小説を読み、AIが描いた絵を見て、AIが作った音楽を聴いて楽しんでいるのかもしれませんね。

 http://www.flow-machines.com/ai-makes-pop-music/

これからの人工知能研究のカギは「感性」　　by 坂本真樹

　私は、人工知能研究に「感性」をキーワードとした貢献を目指しています。
　人工知能学会の元会長の公立はこだて未来大学の松原仁先生も、次は「感性」だと様々なところでおっしゃっています。松原先生によると、60年間の人工知能研究の歴史の大半は論理的思考とか複雑な問題を解く能力である理性を対象としてきましたが、理性と感性の両方がそろっていないと、人間の知性に近づく人工知能とは言えないとしています。
　家庭で一緒に暮らすロボットを考えた時、「頭はいいけど気の利かないやつ」ではつらいですよね。「今日は暑いねえ」と話しかけたら「はい、気温は３５度でございます」なんて言われても困る、といった例を挙げておられます。

　私もそのように思っていて、本書でも紹介したように、オノマトペ（擬音語・擬態語の総称）を人工知能に応用する研究をしています。「今日は暑いねえ」と話しかけたら、「ふ〜」と人工知能が返して来た方が、暑いと言っている人の気持ちに寄り添えるのではないかと思うわけです。
　松原先生は、人間の感情の機微を理解できる人工知能開発のとっかかりとして、人工知能に小説を書かせるプロジェクトを始めたということですが、私も、人工知能に歌詞を作らせるという研究を進めていて、アイドルグループによる実演を実証実験の場としています。本書が出版される頃にはお披露目されているはずです。

　感情認識ＡＩというと、一般の方はソフトバンクのロボットPepperが思い浮かぶのではないかと思います。Pepperには会話能力などのさまざまな問題が指摘されていますが、感情に寄り添うタイプの人工知能開発への注目度が上がった、という点で、とても良いロボットの登場だと思います。
　まだ完ぺきではなく課題が多い、ということは、これからの人工知能開発者のやるべき仕事が増えてチャンスがあるということです。

2016年9月に「人工知能——機械といかに向き合うか」という本がダイヤモンド社から出版されています。この本は、1922年に発刊されたHarvard Business Reviewの日本語版として1976年に創刊された「DIAMONDハーバード・ビジネス・レビュー」（ＤＨＢＲ）の2015年11月号の特集「人工知能」に掲載された論文を中心に構成されています。

その中で、「人工知能は人間のように知覚できない」という点が取り上げられています。この本の中でも、「肌触り、気持ちよさ、美しさなど人の価値観の多くは、ロジックというより感じ方や感情と連動している」ので、人間の身体にあるような触覚などの感覚器がない人工知能には、こういったことを感じることができない、と指摘されています。

たとえば、インターネット上の情報から学習することで、どういったモノについて人間が共通して気持ちいいと感じるか、どういったモノを購入する人は、どういったモノを良いと思うか、といったことは認識できても、人間が感じるような感覚は理解できない、ということです。人間の身体が生み出す生の知覚を人工知能は持つことができないため、見た目、手触り、味、香りなどから人間が感じる質感の理解を人工知能には期待できない、と言い切っています。

文部科学省による科学研究費補助金という研究助成制度があるのですが、2015年度から2019年度までという期間の助成により、「多様な質感認識の科学的解明と革新的質感技術の創出（略称、多元質感知）」という脳科学、心理学、工学などの研究者が集まって共同研究を推進するプロジェクトが立ち上がりました。このプロジェクトには、私も研究代表者の一人として参画しています。

また、人工知能学会で、「質感と感性」というオーガナイズドセッションを立ち上げました。独立に研究が行われることの多い五感を対象とする研究者による報告を通して、研究成果の進捗を共有し、方法論も共有できる機会としたい、と思いました。

このセッションは、人の五感と好き嫌いなどの価値判断に関わる理工系の研究（画像処理、触覚工学、音響学、機械学習、感性工学、言語処理）を中心としながら、知覚心理物理研究、脳神経科学といった生物系の研究者との連携により新たな人工知能研究の開発の可能性について検討する場です。

おわりに

　私は、質感を直感的に表す「きらきら（視覚）」「さらさら（触覚）」「ざわざわ（聴覚）」「こってり（味覚）」「つーん（嗅覚）」といった感性表現であるオノマトペが表す情報を数値化する技術を活用して感性ＡＩ実現に向けてアプローチしています。
　こういった取り組みを、2017年3月16日にパナソニックセンター東京で開催された電気通信大学人工知能先端研究センターキックオフシンポジウムで紹介したところ、参加企業の方から「これからの人工知能はこれですね！」といううれしいコメントをいただきました。

　人工知能の発達で、認識技術、数値予測力は向上し、産業利用として自動運転なども発展しつつありますが、今の人工知能開発は、正解不正解があるものの識別、予測、実行に偏っています。
　ですが、人間は、常に正解不正解を決めて行動しているわけではなく、そのようなものはそもそもないかもしれません。また、感じ方には個人差があり、個人の好みに寄り添う方法があるとよいのではないかと思います。
　2016年の人工知能学会誌9月号で、「人工知能とEmotion」という特集号のエディターをしました。人工知能研究において今後何が研究課題となりうるかなどを考えていくきっかけにしたいという趣旨の特集でしたが、感性・感情をカギとした人工知能研究は今後面白くなりそう、と感じました。

● 書籍

[1] 新井紀子：ロボットは東大に入れるか、イースト・プレス（2014）

[2] DIAMOND ハーバード・ビジネス・レビュー編集部：人工知能 機械といかに向き合うか、ダイヤモンド社（2016）

[3] 井上研一：初めての Watson API の用例と実践プログラミング、リックテレコム（2016）

[4] 五木田和也：コンピューターで「脳」がつくれるか、技術評論社（2016）

[5] 女子高生 AI りんな：はじめまして！女子高生 AI りんなです、イースト・プレス（2016）

[6] 神崎洋治：図解入門 最新人工知能がよ〜くわかる本、秀和システム（2016）

[7] 河原達也・荒木雅弘：音声対話システム（知の科学）、オーム社（2016）

[8] 松尾豊（編著）・中島秀之・西田豊明・溝口理一郎・長尾真・堀浩一・浅田稔・松原仁・武田英明・池上高志・山口高平・山川宏・栗原聡（共著）：人工知能とは（監修：人工知能学会），近代科学社（2016）

[9] 松尾豊：人工知能は人間を超えるか ディープラーニングの先にあるもの、KADOKAWA/中経出版（2015）

[10] 三宅陽一郎・森川幸人：絵でわかる人工知能、SB クリエイティブ（2016）

[11] 日経ビッグデータ：この 1 冊でまるごとわかる！ 人工知能ビジネス、日経 BP 社（2015）

[12] 日経コンピュータ：まるわかり！人工知能 最前線、日経 BP 社（2016）

[13] 岡谷貴之：深層学習（機械学習プロフェッショナルシリーズ）、講談社（2015）

[14] 大関真之：機械学習入門 ボルツマン機械学習から深層学習まで、オーム社（2016）

[15] 佐藤理史：コンピュータが小説を書く日 AI 作家に「賞」は取れるか、日本経済新聞出版社（2016）

[16] 清水亮：よくわかる人工知能 最先端の人だけが知っているディープラーニングのひみつ、KADOKAWA（2016）

[17] 下条誠・前野隆司・篠田裕之・佐野明人：触覚認識メカニズムと応用技術 - 触覚センサ・触覚ディスプレイ-【増補版】、S&T 出版（2014）

[18] 渡邊淳司：情報を生み出す触覚の知性：情報社会をいきるための感覚のリテラシー、化学同人（2014）

● 論文

[1] 清水祐一郎，土斐崎龍一，鍵谷龍樹，坂本真樹：ユーザの感性的印象に適合したオノマトペを生成するシステム、人工知能学会論文誌、30(1), 319-330 (2015)

[2] 清水祐一郎，土斐崎龍一，坂本真樹：オノマトペごとの微細な印象を推定するシステム、人工知能学会論文誌，29(1), 41-52 (2014)

[3] 上田祐也，清水祐一郎，坂口明，坂本真樹：オノマトペで表される痛みの可視化、日本バーチャルリアリティ学会論文誌、18(4), 455-463 (2013)

● 学会誌

[1] 坂本真樹：特集「人工知能と Emotion」にあたって、人工知能、31(5), 648-649 (2016)

[2] 坂本真樹：オノマトペ―知識と Emotion が融合する人工知能へ―、人工知能、31(5), 679-684(2016)

[3] 坂本真樹：特集「超高齢社会と AI －社会生活支援編―」にあたって、人工知能、31(3), 324-325 (2016)

索 引

▼ 英字

AlphaGo ･･････････････････････ 134

Bonanza ･･････････････････････ 133

CNN ･･････････････････････････ 121

deepart.io ･･････････････････････ 172
Deep Dream ･･････････････････ 172
DeepFace ･･････････････････････ 138

Enlitic ･･････････････････････････ 141

Flow Machines ･･････････････････ 174

Google のネコ認識 ･･････････････ 136

ILSVRC ･･････････････････････････ 52

k-means ･････････････････････････ 94

Labellio ･･････････････････････････ 140

MNIST ･･････････････････････････ 51

ponanza ･･････････････････････ 133
Puella α ･･････････････････････ 133

SuperVision ･･････････････････ 114

▼ あ行

あから 2010 ･･････････････････ 133
アンドロイド ･･････････････････････ 6

遺伝的アルゴリズム ･･････････････ 125
意味ネットワーク ･･････････････････ 64
インテリジェントセンサー ･･････････ 72

エキスパートシステム ･･････････････ 13

エムニスト ･･････････････････････ 51

オートエンコーダー ･･････････････ 117
オノマトペ ･･････････････････ 142, 158
重 み ･･････････････････････ 82, 102
音響モデル ･･････････････････････ 60
音声特徴ベクトル ･･････････････････ 58
音声認識 ･･････････････････････ 54

▼ か行

回帰問題 ･････････････････････････ 84
過学習 ･･････････････････････････ 88
画素数 ･･････････････････････････ 50
活性拡散モデル ･･････････････････ 64
関 数 ･････････････････････････ 85
完全自動運転 ･･････････････････ 143

機械学習 ･････････････････････････ 80
強化学習 ･････････････････････････ 95
教師あり学習 ･････････････････････ 80
教師あり学習プログラム ･････････ 81
教師データ ･･･････････････････････ 81
教師なし学習 ･････････････････････ 90

クラスタリング ･･････････････････ 92

形式ニューロン ･･････････････････ 101
ゲーム AI ･･････････････････････ 130
言語モデル ･･････････････････････ 61

コグニティブ・システム ･･････････ 66
誤差逆伝播法 ･･････････････････ 106

▼ さ行

再帰型ニューラルネットワーク
･････････････････････････････ 122
サポートベクターマシン ･･････････ 110

自己符号化器 ･･････････････････ 117

自然言語 ……………………………151
自動運転 AI ……………………143
シナプス ………………………… 99
重回帰 …………………………… 86
シンギュラリティ ……………… 32
人工知能 ………………………… 10
人工ニューロン …………………100
人工無能 ………………………154
深層学習 ………………………114

潜在的意味解析 ………………… 67
センシング ……………………… 22

▼ た行
第 1 次 AI ブーム ……………… 11
第 2 次 AI ブーム ……………… 13
第 3 次 AI ブーム ……………… 15
畳み込みニューラルネットワーク
………………………………121
ダートマス会議 ………………… 10
単回帰 …………………………… 86
探　索 …………………………… 11

チューリングテスト …………… 4

ディープ・ブルー ………………132
ディープラーニング ……………114
テキスト形式 …………………… 46

東ロボ君 ………………………… 67
特徴表現学習 ……………………115
特化型人工知能 ………………… 27
トロッコ問題 ……………………147

▼ な行
汝は AI なりや？ ………………171

ニューラルネットワーク ……… 98
ニューロン ……………………… 98

▼ は行
バックプロパゲーション ………106
パーセプトロン …………………104

パラメータ ……………………… 85
汎化能力 …………………… 88,112
半自動運転 ………………………143
汎用人工知能 …………………… 28

ピクセル ………………………… 50

プルースト現象 ………………… 70
分類問題 ………………………… 82

ヘッブの学習則 …………………103
ヘビーウェイト・オントロジー
………………………………153

ボルツマンマシン ………………123
ボンクラーズ ……………………133

▼ ま行
マージン最大化 …………………111
マービン・ミンスキー ………… 10
マルチマイク …………………… 56
マルチメディア系ファイル形式
………………………………… 46
マルチモーダル ………………… 58

ムーアの法則 …………………… 9

▼ ら行
ライトウェイト・オントロジー
………………………………153

りんな ……………………………154

レコメンド ……………………… 91
レベル 1 の人工知能 …………… 23
レベル 2 の人工知能 …………… 24
レベル 3 の人工知能 …………… 26
レベル 4 の人工知能 …………… 27
レベル 5 の人工知能 …………… 28

▼ わ行
ワトソン …………………………152

〈著者略歴〉

坂 本 真 樹 （さかもと　まき）

1993 年　東京外国語大学外国語学部卒業
1998 年　東京大学大学院総合文化研究科言語情報科学専攻博士課程修了
　　　　　（博士（学術））
1998 年　東京大学助手
2000 年　電気通信大学電気通信学部情報通信工学科講師
2004 年　電気通信大学電気通信学部人間コミュニケーション学科助教授
2015 年　電気通信大学大学院情報理工学研究科総合情報学専攻教授
　　　　　電気通信大学人工知能研究センター兼務

オスカープロモーション所属（業務提携）。
「ホンマでっか!? TV」（フジテレビ）などメディア出演多数。
情報処理学会、人工知能学会、日本感性工学会、日本バーチャルリアリティ学会、
日本認知科学会、日本認知言語学会、日本広告学会、Cognitive Science Society 所属。
国際会議でのベストアプリケーション賞、人工知能学会論文賞など受賞多数。

〈主な著書〉
『マンガでわかる技術英語』オーム社（2016）
『愛される人がさらりと使っている！女度を上げるオノマトペの法則』
リットーミュージック（2013）

● 本文デザイン：オフィス sawa／イラスト：サワダサワコ

- 本書の内容に関する質問は、オーム社ホームページの「サポート」から、「お問合せ」
  の「書籍に関するお問合せ」をご参照いただくか、または書状にてオーム社編集局宛
  にお願いします。お受けできる質問は本書で紹介した内容に限らせていただきます。
  なお、電話での質問にはお答えできませんので、あらかじめご了承ください。
- 万一、落丁・乱丁の場合は、送料当社負担でお取替えいたします。当社販売課宛に
  お送りください。
- 本書の一部の複写複製を希望される場合は、本書扉裏を参照してください。

[JCOPY] ＜出版者著作権管理機構　委託出版物＞

坂本真樹先生が教える
人工知能がほぼほぼわかる本

2017 年　4 月 25 日　　第 1 版第 1 刷発行
2020 年　4 月 10 日　　第 1 版第 6 刷発行

著　　者　坂 本 真 樹
発 行 者　村 上 和 夫
発 行 所　株式会社 オ ー ム 社
　　　　　郵便番号　101-8460
　　　　　東京都千代田区神田錦町 3-1
　　　　　電 話　03(3233)0641（代表）
　　　　　URL　https://www.ohmsha.co.jp/

© 坂本真樹 2017

組版　オフィス sawa　　印刷・製本　壮光舎印刷
ISBN978-4-274-22050-0　Printed in Japan

オーム社の機械学習／深層学習シリーズ

実装 ディープラーニング

株式会社フォワードネットワーク 監修
藤田一弥・高原 歩 共著

定価（本体3,200円【税別】）
A5／272頁

ディープラーニングを概念から実務へ
― Keras、Torch、Chainerによる実装！

「数多のディープラーニング解説書で概念は理解できたが、
　さて実際使うには何から始めてよいのか―」

本書は、そのような悩みを持つ実務者・技術者に向け、画像認識を中心に「**ディープラーニングを実務に活かす業**」を解説しています。
世界で標準的に使われているディープラーニング用フレームワークであるKeras(Python)、Torch(Lua)、Chainerを、そのインストールや実際の使用方法についてはもとより、必要な機材・マシンスペックまでも解説していますので、本書なぞるだけで実務に応用できます。

Pythonによる機械学習入門

株式会社システム計画研究所 編

定価（本体 2,600 円【税別】）
A5／248頁

初心者でもPythonで機械学習を実装できる！

本書は、今後ますますの発展が予想される人工知能の技術のうち機械学習について、入門的知識から実践まで、できるだけ平易に解説する書籍です。「解説だけ読んでもいまひとつピンとこない」人に向け、プログラミングが容易なPython により実際に自分でシステムを作成することで、そのエッセンスを実践的に身につけていきます。
また、読者が段階的に理解できるよう、「導入編」「基礎編」「実践編」の三部構成となっており、特に「実践編」ではシステム計画研究所が展示会「Deep Learning 実践」で実際に展示した「手形状判別」を実装します。

もっと詳しい情報をお届けできます。
　○書店に商品がない場合または直接ご注文の場合は
　　右記電話にご連絡ください。

ホームページ http://www.ohmsha.co.jp/
TEL／FAX TEL.03-3233-0643　FAX.03-3233-3440